秸秆（根茬）粉碎还田机使用、维护与选购指南

朱　良　兰心敏　主编

中国农业出版社

主　编：朱　良　兰心敏

编　写：兰心敏　朱　良　李　民　孙丽娟
杜　金　张晓晨　刘圣伟　卢占喜
石文海　陈兴和

前言

我国是一个农业生产大国，如何保护地力、提高产出，确保农业可持续发展，是摆在我们面前的一个重要的研究课题。保护性耕作作为一项重要的技术内容之一，已引起许多国家的高度重视，在全球70多个国家得到推广应用，并着力大面积推广。美国、加拿大、澳大利亚、巴西、阿根廷等国的应用面积已占本国耕地面积的40%～70%。我国从20世纪70年代末开始引进并试验示范少（免）耕、深松、秸秆覆盖等单项保护性耕作技术，但受技术、机具及社会经济发展水平等因素的限制，这些技术只在部分地区进行了小规模的试验示范，推广面积不大。近些年来，国家十分重视保护性耕作技术的推广应用，并取得了显著的成效，至2009年底，我国保护性耕作应用面积已达400万hm^2。实践证明，保护性耕作是一项生态效益和经济效益同步、当前利益与长远利益兼顾、利国利民的革命性农耕措施。积极发展保护性耕作是促进农业发展方式转变的有效途径。

先进适用的专用机具是有效实施保护性耕作的必要保证。近年来，通过与保护性耕作技术模式共同进行的配套研究，我国保护性耕作机具研制也取得了突破性进展，已经开发成功一批具有自主知识产权并适合我国国情的中小型保护性耕作配套机具，主要包括小麦、玉米免耕播种施肥复式作业机具、秸秆（根茬）粉碎还田机、稻草旋埋机、深松机和植保机械等，并形成系列和批量生产，国产保护性耕作机具市场占有率达90%以上，是开展保护性工程建设的重要保障。

随着保护性农业的发展，广大农民对保护性耕作机具的需求也越来越大，如何正确使用这些具有一定技术含量的保护性耕作机具，是确保保护性耕作技术顺利推进、实现保护性农业可持续发展的重要基础。本书编写的目的，就是力求指导初中以上文化程度的农民能够正确选购、使用和维护保护性耕作机具，使机具在保护性农业生产中的作用得以充分发挥，为广大农民增产增收做贡献。

本书主要介绍了保护性耕作的发展现状、耕作技术及模式，以及保护性耕作机具——秸秆（根茬）粉碎还田机的使用、维护及选购方法。读者也可以参考书中介绍的办法，使用、维护和选购其他类型相同、结构相似的农业机械。

在本书的编写过程中，一些科研单位、生产企业提供了资料，我们在此表示衷心的感谢！

由于我们的水平有限，书中肯定存在缺点和错误，恳请读者批评指正。

编　者

目录

前言

第一章

保护性耕作的基础知识

第一节　保护性耕作的发展现状

人们对保护性耕作含义的理解是不同的，甚至业内的专业人士对保护性耕作的定义也有差异。本书所述的保护性耕作技术是指通过对农田实行免耕、少耕和秸秆留茬覆盖还田，控制土壤风蚀、水蚀和沙尘污染，提高土壤肥力和抗旱节水能力，以及节能降耗、节本增效的先进农业耕作技术，目前主要应用于干旱、半干旱地区农作物生产及牧草的种植。

一、保护性耕作的起源

保护性耕作起源于美国。20 世纪 20 年代初，美国实施西部大开发，大量干旱、半干旱草原被开垦成农田。由于连年翻耕、植被破坏、土壤退化，导致了震惊世界的“黑风暴”。1931 年从美国西部刮起的“黑风暴”横扫美国大平原，厚达 5～30cm 的表土被吹走，30 多万 hm^2 农田被毁；1935 年的第二次“黑风暴”，横扫美国 2/3 的国土，3 亿多 t 表土被卷进大西洋。当年 300 万 hm^2 耕地被毁，冬小麦减产 510 万 t。“黑风暴”推动了人们对传统耕作方法的反思和对保土保水新方法的探索。1935 年美国成立了土壤保护局，组织土壤、农学、农机等领域的专家，开始研究改良传统耕作方法，研制深松铲、凿式犁等不翻土的农机具，推广以秸秆、残茬覆盖和免耕播种为核心的保护性耕作技术。

二、国外保护性耕作发展概况

20 世纪 80 年代以后，保护性耕作逐步推广应用到 70 多个国家，据联合国粮农组织（FAO）统计，目前全世界保护性耕作应用面积达到 1.69 亿 hm^2，占世界总耕地面积的 11%。主要在旱作农业区小麦、大麦、玉米、苜蓿、豆类、油菜、棉花、小杂粮等 10 多种作物的生产上应用。澳大利亚、加拿大以及以巴西、阿根廷为代表的南美洲保护性耕作应用面积均已超过本国耕地面积的 70%。目前，国外保护性耕作的发展呈现以下几大趋势：一是各国都在积极探索扩大保护性耕作的应用区域和作物种类。根据不同地区农业地理情况和作物种植生产特点，因地制宜地推广应用保护性耕作，并与其旱作农业技术进行融合，逐步形成了多种模式，如美国的免耕模式、留茬耕作模式、条带垄作模式、少耕模式，加拿大的粮草轮作模式等。二是免耕应用面积在逐年扩大，少耕法加快向免耕法过渡。三是重视非化学除草技术的研究，如机械除草、覆盖压制除草、轮作控制杂草、生物除草、臭氧除草等，建立杂草综合防控技术体系。四是保护性耕作机具的开发生产向专业化、复式化、大型化、产业化、智能化的方向发展。

三、我国保护性耕作的应用情况

我国是主要的干旱国家之一，旱作农业区约占耕地面积的55%以上，绝大部分旱区仍然沿用传统的以翻耕为主的耕作制度，干旱缺水、土壤贫瘠、水土流失、沙尘暴等问题日趋严重。20 世纪 70 年代末，我国开始引进和试验示范少（免）耕、深松、秸秆覆盖等单项保护性耕作技术，但受技术、机具及社会经济发展水平等因素的限制，这些技术只在部分地区进行小规模示范试验，推广应用面积不大。90 年代以来，随着现代农业技术的进步，保护性耕作研究与示范工作发展速度加快。在西北旱区，以少（免）耕播种和地表覆盖为主体的保护性耕作技术得到推广应用；在华北灌溉两熟区，小麦秸秆还田和夏玉米免耕覆盖耕作技术得到了大力发展；在东北一熟旱作区，玉米垄作少耕及留茬覆盖耕作技术得到一定规模的示范应用；在南方稻麦两熟及双季稻区，也开展了以免耕覆盖轻型栽培为主要形式的保护性耕作技术示范工程。进入 21 世纪，保护性耕作技术研究与示范推广工作得到各级政府高度重视。2002 年中央财政设立了专项资金，每年投入3 000万元，开始有组织、有计划地开展保护性耕作示范工程建设。截至 2007 年底，保护性耕作技术已在我国北方 15 个省（自治区、直辖市）的 501 个县设点示范，实施面积 200 多万 hm^2，涉及 400 多万农户。当前，我国保护性耕作的推广应用正处在发展阶段，政府高度重视，实施区域和应用对象正逐步拓展，配套机具的研究开发方兴未艾，示范宣传和技术培训活动营造了良好的社会氛围，保护性耕作技术的示范推广也引起了国际的关注。

四、发展保护性耕作的重要意义

10 多年的试验示范和推广实施证明，保护性耕作具有蓄水保墒、培肥地力、防止扬尘、减少侵蚀、保护环境、节本增效、增加农民收入等方面的作用，产生了良好的生态、经济和社会效益。一方面保护性耕作实施秸秆留茬覆盖，起到挡风固土的作用，大面积实施可有效地减少农田扬尘，防治沙尘暴。秸秆覆盖和深松技术可减少土壤水分蒸发，增加土壤蓄水能力，减少大雨和暴雨造成的水土流失。秸秆还田增加土壤有机质，蓄水保墒，提高土壤肥力，改善团粒结构，减少土壤板结和退化，促进耕地可持续利用。同时有效防止了农民抢农时赶季节焚烧秸秆。大面积实施秸秆还田，使碳元素以固态的形式存在于土壤中，从而减少空气中二氧化碳气体的总量，减少温室气体排放。另一方面保护性耕作采用机械化免耕、少耕和复式作业，简化工序，降低成本。长期实施可有效减少农田用水量，增加产量，提高农业生产效益，促进农业节本增效。此外，发展保护性耕作，有利于转变农民的传统耕作观念，实现科学种田。保护性耕作技术的综合应用，实现了农业生态、经济和社会效益的有机统一，在发展生产的同时，改善了生态环境，实现了人与自然的和谐相处、和谐发展，是构建社会主义和谐社会的重要体现。

第二节　保护性耕作的主要技术内容

保护性耕作主要包括四项技术内容，即秸秆覆盖和表土处理技术，免耕或少耕播种施肥技术，深松与表土耕作技术以及杂草、病虫害控制和防治技术。

一、秸秆覆盖技术

秸秆残茬覆盖是指将30%以上的作物秸秆残茬覆盖地表，用秸秆盖土，根茬固土，达到保护土壤，培肥地力，减少风蚀、水蚀和水分无效蒸发，提高天然降雨利用率的目的。

1. 秸秆粉碎还田覆盖

（1）玉米秸秆粉碎还田覆盖　适合玉米产量较高的地区，如秸秆量过大或地表不平时，粉碎还田后可以用圆盘耙进行表土作业；春季地温太低时，可采用浅松作业。还田方式可采用联合收割机自带粉碎装置或采用单独的秸秆粉碎机作业两种。玉米秸秆粉碎还田机具的作业性能要求以达到免耕播种作业要求为准。

（2）小麦秸秆粉碎还田覆盖　适合用联合收割机收获，土地又比较肥沃、疏松的地区。地表不平或杂草较多时可用浅松作业，秸秆太长时可用粉碎机或旋耕机浅旋作业。还田方式可采用联合收割机自带粉碎装置或采用单独的秸秆粉碎机作业两种。小麦秸秆粉碎还田机具的作业性能要求以达到免耕播种作业要求为准。

2. 整秆还田覆盖

（1）玉米整秆还田覆盖　适合冬季风大的地区，人工收获玉米后对秸秆不做处理，秸秆直立在地里，以免秸秆被风吹走；播种时将秸秆按播种机行走方向撞倒，或用人工踩倒。

（2）小麦整秆还田覆盖　适合机械化水平低、用割晒机或人工收获的地区，麦秆运出脱粒，土地进行深松，再覆盖脱粒后的整秸秆。

3. 留茬覆盖　在风蚀严重及以防治风蚀为主，且农作物秸秆需要综合利用的地区，实施保护性耕作技术可采用机械收获时留高茬＋免耕播种作业、机械收获时留高茬＋粉碎浅旋播种复式作业两种处理方法。

留高茬即是在农作物成熟后，用联合收获机或割晒机收割作物籽穗和秸秆，割茬高度控制在玉米至少 20cm，小麦至少 15cm，残茬留在地表不做处理，播种时用免耕播种机进行作业。

二、免耕或少耕播种施肥技术

该技术是指在有残茬覆盖的地表用免耕播种机进行种子和肥料播施作业，达到简化工序、减少机械进地次数、降低作业成本的目的。免耕技术是指对地表不做任何处理，用免耕播种机一次完成破茬开沟、施肥、播种、覆土和镇压作业；少耕则是根据地表覆盖情况和地表平整度的不同，采取适当的地表作业（耙地、浅松）处理后再进行播种的作业。免耕播种的作业要求如下：

1. 玉米免耕播种作业

（1）播种量　春玉米一般公顷播种量为 22.5～30kg；夏玉米一般公顷播种量为 22.5～37.5kg；半精密播种单双籽率≥

90%。

（2）播种深度　播种深度一般控制在3～5cm，沙土和干旱地区播种深度应适当增加1～2cm。

（3）施肥深度　一般为8～10cm（种肥分施），即在种子下方4～5cm。

2. 小麦免耕播种作业

（1）播种量　冬小麦公顷播种量应视具体情况来定，一般水浇地45～150kg、旱地180～225kg；春小麦一般公顷播种量为270～300kg。

（2）播种深度　播种深度一般在2～4cm，落籽均匀，覆盖严密。

3. 选择优良品种，并对种子进行精选处理　要求种子的净度不低于98%，纯度不低于97%，发芽率达95%以上。播前应适时对所用种子进行药剂拌种或浸种处理。

三、深松与表土耕作技术

保护性耕作是改革铧式犁翻耕土壤的传统耕作方式，实行免耕或少耕。免耕就是除播种之外不进行任何耕作，少耕包括深松与表土耕作。

1. 深松　深松即疏松深层土壤，打破犁底层，基本上不破坏土壤结构和地面植被，可提高天然降雨入渗率，增加土壤含水量；作业后耕层土壤不乱，动土量小，减少了由于翻耕后裸露的土壤水分蒸发损失。深松方式可选用局部深松或全方位深松。

（1）局部深松　选用单柱式深松机，根据不同作物、不同土壤条件进行相应的深松作业。一般机具为凿形铲式，密植作物地区可采用带翼形铲的深松机。其适应的土壤含水量为15%～22%；条件适宜地区在作业中应加施底肥，天气过于干旱时，可进行造墒。根据土壤条件和机具进地密度，一般2～4年深松一次。局部深松的作业要求是：宽行作物（玉米）深松间隔40～

80cm，最好与当地玉米种植行距相同；深松深度 23～30cm；深松时间为播前或苗期，苗期作业应尽早进行，玉米不应晚于 5 叶期。密植作物（小麦）也可以局部深松，但为了保证密植作物株深均匀，应在松后进行耙地等表土作业，或采用带翼深松机进行下层间隔深松，表层全面深松，密植作物（小麦）深松间隔40～60cm，深松深度 23～30cm，深松时间为播前。

（2）全方位深松　选用倒 V 形全方位深松机根据不同作物、不同土壤条件进行相应的深松作业。适应的土壤含水量为15%～22%；天气过于干旱时，可进行造墒。根据土壤条件和机具进地密度，一般 2～4 年深松一次。全面深松的作业要求是：深松深度 35～50cm；深松时间为播前秸秆处理后；作业中松深一致，并不得有重复或漏松现象。

2. 表土耕作技术　表土耕作技术是采取圆盘耙、浅松机等机具对土壤实行浅层耕作，以降低地表秸秆覆盖量，使免耕播种机具有良好的通过性能，并获得良好种床。表土处理通常采用三种方式，即浅耙、浅松和浅旋。实际操作时，应根据作物种类、地表秸秆量的多少、土壤容重的大小、是否施农家肥等因素灵活选用。

（1）浅耙　当地表秸秆量过大、播种机不能正常作业时，采用圆盘耙或缺口耙将地表浅耙 8～10cm，以降低地表秸秆覆盖率，同时使农家肥和表土充分混合，以提高肥料利用率。

（2）浅松　土壤容重过大，地表坚硬，杂草过多或地表有明显的沟痕，影响播种机的通过性能时，采用浅松机对地表进行 8～10cm 的浅松作业，以获得良好的种床，做到地表平整、无沟无痕无杂草、播种机播深稳定、能够顺利作业。

（3）浅旋　地表的秸秆覆盖量过大，且秸秆集中成堆、地表不平整、影响播种机的通过时，采取旋耕机将秸秆残茬粉碎使其与表土充分混合。旋耕处理对平整地表、粉碎并将秸秆与表土混合有很好的效果。但由于旋耕时会将部分根茬旋起露在地表，对秸秆覆盖量的减少效果不明显，加上旋耕处理后地表松软，播种时深度不好掌握，同时会将土壤中的蚯蚓打死，不利于土壤生物生存，所以在实际运用中，最好不选择旋耕处理。

四、杂草、病虫害控制和防治技术

防治病虫草害是保护性耕作技术的重要环节之一。为了使覆盖田块农作物生长过程中免受病、虫、草害的影响，保证农作物正常生长，目前主要用化学药品防治病、虫、草害发生，也可结合浅松和耙地等作业进行机械除草。

1. 病虫草害防治的要求 为了能充分发挥化学药品的有效作用并尽量防止可能产生的危害，必须做到使用高效、低毒、低残留化学药品，使用先进可靠的施药机具，采用安全合理的施药方法。

2. 化学除草剂的选择和使用 除草剂的剂型主要有乳剂、颗粒剂和微粒剂，施用化学除草剂的时间可在播种前或播后出苗前，也可在出苗后作物生长的初期和后期。除草剂在播前或出苗前施入土壤中，早期控制杂草。播前施用除草剂通常是将除草剂混入土中，施除草剂和松土混合可联合作业。也可在施药后用松土部件进行松土配合。播后出苗前施除草剂，一般是和播种作业结合进行，施除草剂的装置位于播种机之后将除草剂施于土壤表面。作物出苗后在它的生长过程中，可将除草剂喷洒在杂草上，苗期的杂草也可以结合间苗，人工拔除。

3. 病虫害的防治 主要是依靠化学药品防治病、虫、鸟、兽和霜冻对植物的危害。一是对作业田块病虫害情况做好预测；二是对种子要进行包衣或拌药处理；三是根据苗期作物生长情况进行药物喷洒。

4. 施药量的计算公式

$$\text{施药量}\,(\text{mL/hm}^2)=\frac{[\text{流量器流率}\,(\text{mL/s})]}{[\text{步行速度}\,(\text{m/s})\times\text{有效喷幅}\,(\text{m})\times 10\,000]}$$

5. 施药的技术要求 根据以往地块病、虫、草害发生的情况，合理配方，适时打药；药剂搅拌均匀，漏喷、重喷率≤5%；作业前注意天气变化，注意风向；及时检查，防止喷头、管道堵漏。

6. 植保机具的选用　由于作物的生长环境和生长形态、长势、植株高度不一样，病、虫、草害发生危害的部位和时间、防治对策亦有不同。当前我国用于粮食作物病、虫、草害的防治机具有拌种机、喷杆喷雾机、背负式喷雾喷粉机、担架式喷雾器、手动喷雾器（压缩式、背负式、单管式、滑管式）、手持电动离心喷雾机、手摇喷粉器和手摇撒粒器等。

第三节　保护性耕作的主要技术模式

保护性耕作以我国西北、东北、华北一熟地区为重点实施区域，并适当兼顾黄淮海两熟地区。根据各地种植制度、自然生态条件等区域特点，分为六个主要类型区：东北平原垄作区、东北西部干旱风沙区、西北黄土高原区、西北绿洲农业区、华北长城沿线区、黄淮海两茬平作区。根据各类型区气候特点、地理条件、农田土壤类型和种植制度等方面的差异以及保护性耕作技术需求，选择适用的技术模式。

一、东北平原垄作区

1. 区域特点　该区主要包括东北中东部的三江平原、松辽平原、辽河平原和大小兴安岭等区域，属温带半湿润和半干旱气候类型，气温低、无霜期短。东部地区以平原为主，土壤肥沃，以黑土、草甸土、暗棕壤为主；西部地形以漫岗丘陵为主，间有沙地、沼泽，土壤以栗钙土和草甸土为主。种植制度为一年一熟，主要作物为玉米、大豆、水稻，是我国重要的商品粮基地，机械化程度较高。

2. 技术需求　该区的主要问题是雨养农业为主，季节干旱，尤其春季干旱仍是作物生产的重要威胁；土壤耕作以垄作为主体，但形式比较复杂，近年来耕层变浅、土壤肥力退化现象比较严重。其保护性耕作的主要技术需求包括：以传统垄作为基础有效解决土壤低温及作物安全成熟问题；蓄水保墒，有效应对春季干旱问题；通过秸秆根茬覆盖及少免耕措施，解决土壤肥力下降问题；通过地表覆盖，解决农田风蚀、水蚀问题。

3. 主要技术模式

（1）留高茬原垄浅旋灭茬播种技术模式　该模式通过农田留高茬覆盖越冬，既有效减少冬春季节农田土壤侵蚀，又可以增加秸秆还田量，提高土壤有机质含量。其技术要点：玉米、大豆秋收后农田留 30cm 左右的高茬越冬；翌年春播时浅旋灭茬，并尽量减少灭茬作业的动土量，采用旋耕施肥播种机进行原垄精量播种；保持垄形，苗期进行深松培垄、追肥及植保作业。

（2）留高茬原垄免耕错行播种技术模式　该模式适用于宽垄种植，通过留高茬覆盖越冬减少农田土壤风蚀、水蚀，并提高农作物秸秆还田量。其技术要点：垄宽一般在 70～100cm，秋收后农田留 30cm 左右的残茬越冬；翌年春播时在原垄顶错开前茬作物根茬进行免耕播种；保持垄形，苗期进行深松培垄、追肥及植保作业。

（3）留茬倒垄免耕播种技术模式　该模式通过留茬覆盖越冬控制农田土壤风蚀，并增加农作物秸秆还田量。其技术要点：秋收后农田留 20～30cm 左右的残茬越冬；翌年春播时，采用免耕施肥播种机，错开上一茬作物根茬，在垄沟内免耕少耕播种；苗期进行中耕培垄、追肥及植保作业，深松作业可结合中耕或收获后进行。

（4）水田少免耕技术模式　该模式适用于重黏土、草炭土、低洼稻田，秋季免耕板茬越冬，春季轻耙或浅旋少耕整地，通过秸秆及根茬还田增加土壤有机质含量，并节约稻田灌溉用水。其技术要点：在灌水轻耙前撒施底肥或原茬不动旋耕施肥，沿整地苗带进行插秧；插秧后免耕轻耙；加强生育期管理，尤其重视免耕轻耙前期生育稍缓问题。

二、东北西部干旱风沙区

1. 区域特点　该区主要包括东北三省西部和内蒙古东部等区域，属温带半干旱气候类型。区内地形以漫岗丘陵为主，间布沙地、沼泽，土壤以栗钙土和草甸土为主。种植制度为一年一熟，主要作物为玉米、大豆、杂粮和经济林果。

2. 技术需求　该区土地资源丰富，面临的主要问题是受地形和干旱、大风气候影响，春季干旱严重，土地退化和荒漠化趋势加剧，生态脆弱。其保护性耕作的主要技术需求包括：通过留茬覆盖提高地表覆盖度和粗糙度，解决冬春季节的农田风蚀问题；蓄水保墒，有效应对春季干旱威胁问题，提高作物出苗率；通过秸秆还田及耕作措施调节，提高土壤肥力。

3. 主要技术模式

（1）留茬覆盖免耕播种技术模式　该模式通过留茬覆盖越冬控制农田土壤风蚀，并增加农作物秸秆还田量，提高土壤蓄水保墒能力。其技术要点：采用免耕施肥播种机进行茬地播种；苗期进行水肥管理及病虫草害防治；作物收获后，留茬覆盖越冬，留茬高度 30cm 左右。

（2）旱地免耕坐水种技术模式　该模式应用免耕措施减少秋季和早春季节动土，有效控制冬春季节农田土壤风蚀，并保障播前土壤水分良好，通过人工增水播种，提高作物出苗率。其技术要点：采用免耕施肥坐水播种机进行破茬带水播种；苗期进行中耕追肥培垄，以及病虫草害防治；作物收获后，秸秆覆盖以留高茬形式为主，留茬高度 30cm 左右。

三、西北黄土高原区

1. 区域特点　该区西起日月山，东至太行山，南靠秦岭，北抵阴山，主要涉及陕西、山西、甘肃、宁夏、青海等省（自治区），属暖温带干旱、半干旱气候类型。该区地形破碎、丘陵起伏、沟壑纵横；土壤以黄绵土、黑垆土为主。种植制度主要为一年一熟，主要作物为小麦、玉米、杂粮。

2. 技术需求　该区坡耕地比重大，是我国乃至世界上水土流失最严重、生态环境最脆弱的地区，其中黄土高原沟壑区的侵蚀模数高达4 000～10 000t/km^2，降雨少且季节集中，干旱是农业生产的严重威胁。其保护性耕作的主要技术需求包括：以增加土壤含水率和提高土壤肥力为主要目标的秸秆还田和少免耕技术；以控制水土流失为主要目标的坡耕地沟垄蓄水保土耕作技术、坡耕地等高耕种技术；以增强农田稳产性能为主要目标的农田覆盖抑蒸抗蚀耕作技术。

3. 主要技术模式

（1）坡耕地沟垄蓄水保土耕作技术模式　该模式主要针对在黄土旱塬区坡耕地的水土流失问题，采用沟垄耕作法及沟播模式，提高土壤透水贮水能力，拦蓄坡耕地的地表径流，促进降水就地入渗，减轻农田土壤冲刷和养分流失。其技术要点：沿坡地等高线相间开沟筑垄，采用免耕沟播机贴墒播种；加强苗期水肥管理，控制病虫害；作物收获后秸秆还田，并进行深松。

（2）坡耕地留茬等高耕种技术模式　该模式主要适用于黄土丘陵沟壑区坡耕地，通过等高耕作法（横坡耕作）减轻与防止坡耕地水土流失和沙尘暴危害，控制坡耕地地表径流，强化土壤水库集蓄功能。其技术要点：采用小型免耕沟播机沿等高线播种，苗期追肥与质保；收获后留茬免耕越冬，留茬高度15cm以上。

（3）农田覆盖抑蒸抗蚀耕作技术模式　该模式主要应用秸秆覆盖、地膜覆盖、沙石覆盖等形式，主要在作物生长期、休闲期与全程覆盖等不同覆盖时期，促进雨水聚集和就地入渗、增加农田地表覆盖、抑蒸土壤水分蒸发、减轻农田水蚀与风蚀。其技术要点：因地制宜选择适合的覆盖材料和覆盖数量；免耕施肥播种或浅松播种，保证播种质量；进行杂草及病虫害防治。

四、西北绿洲农业区

1. 区域特点 该区主要包括新疆和甘肃河西走廊、宁夏平原等区域。气候干燥，属中温干旱、半干旱气候区；地势平坦，土壤以灰钙土、灌淤土和盐土为主。该区光热资源和土地资源丰富，新疆、河西走廊地区灌溉依靠周围雪山冰雪融溶的大量雪水资源补给，而宁夏灌区则可引黄灌溉。种植制度以一年一熟为主，是我国重要的粮、棉、油、糖、瓜果商品生产基地。

2. 技术需求 该区主要问题是灌溉水消耗量大，地下水资源短缺，并容易造成土壤次生盐渍化；干旱、沙尘暴等灾害频繁，土地荒漠化趋重，制约农业生产的可持续发展。其保护性耕作的主要技术需求包括：以维持和改善农业生态环境为主要目标，通过秸秆等地表覆盖及免耕、少耕技术应用，有效降低土壤蒸发强度，节约灌溉用水，增加植被和土壤覆盖度，控制农田水蚀和荒漠化。

3. 主要技术模式

（1）留茬覆盖少免耕技术模式 该模式利用作物秸秆及残茬进行覆盖还田，采用免耕施肥播种或旋耕施肥播种，有效减少频繁耕作对土壤结构造成的破坏，控制土壤蒸发，增加土壤蓄水性能，并减轻农田土壤侵蚀。其技术要点：前茬作物收获时免耕留茬覆盖或秸秆粉碎还田，土壤封冻前灌水，休闲覆盖越冬；次年春季根据地表茬地情况进行免耕播种或带状旋耕播种，一次完成播种、施肥和镇压作业；生育期根据需要进行病虫害防治和灌溉。

（2）沟垄覆盖免耕种植技术模式 该模式利用作物残茬等覆盖，采用沟垄种植并结合沟灌技术，应用免耕施肥播种，有效减少耕作次数和动土量，在控制土壤蒸发的同时减少灌溉用水量，并控制农田土壤侵蚀。其技术要点：冬季灌水，春季采用垄沟免耕播种机或采用垄作免耕播种机在垄上免耕施肥播种，苗期追肥、植保、灌溉，采用沟灌方式进行灌溉。

五、华北长城沿线区

1. 区域特点 该区属风沙半干旱区的农牧交错带，主要包括河北坝上、内蒙古中部和山西雁北等地区。每年春季在强劲的西北风侵蚀下，少有植被的旱作农田，土壤风沙扬尘而成为危害华北生态环境的主要沙尘源地。该区地势较高，天然草场和土地资源丰富；土壤以栗钙土、灰褐土为主；气候冷凉，干旱多风。种植制度一年一熟，主要作物为小麦、玉米、大豆、谷子等。

2. 技术需求 该区主要问题是冬春连旱，风沙大，土壤沙化和风蚀问题严重，生态环境非常脆弱，造成农田生产力低而不稳。其保护性耕作的主要技术需求包括：增加地表粗糙度，减少裸露，减少或降低风蚀、水蚀，抑制起沙扬尘，遏制农田草地严重退化、沙化趋势；覆盖免耕栽培，减少或降低农田水分蒸发，蓄水保墒、培肥地力、提高水分利用效率等。

3. 主要技术模式

（1）留茬秸秆覆盖免耕技术模式 该模式利用作物秸秆及残茬进行冬季还田覆盖，有效控制水土流失和增加土壤有机质，采用免耕施肥播种减少动土并保障春播时土壤墒情。其技术要点：秋收后留茬秸秆覆盖，播前化学除草，免耕施肥播种；生育期病虫害防治，机械中耕及人工除草。

（2）带状种植与带状留茬覆盖技术模式 该模式主要适用于马铃薯种植区，重点针对马铃薯种植动土多、农田裸露面积大及风蚀沙尘严重问题，通过马铃薯与其他作物条带间隔种植技术与带状留茬覆盖技术减少土壤侵蚀。其技术要点：马铃薯按照常规种植方式，其他作物采用免耕施肥播种机在秸秆或根茬覆盖地免耕播种；苗期管理中重点采用人工、机械及化学措施进行草害防控；作物收获后，留高茬免耕越冬，留茬高度20cm以上。

六、黄淮海两茬平作区

1. 区域特点　该区主要包括淮河以北、燕山山脉以南的华北平原及陕西关中平原，涉及北京、天津、河北中南部、山东、河南、江苏北部、安徽北部及陕西关中平原等地区。该区属温带—暖温带半湿润偏旱区和半湿润区，灌溉条件相对较好。农业土壤类型多样，大部分土壤比较肥沃，水、气、光、热条件与农事需求基本同步，可满足两年三熟或一年两熟种植制度的要求，主要作物为小麦、玉米、花生和棉花等，是我国粮食主产区。

2. 技术需求　该区农业生产面临的主要问题是小麦—玉米两熟制的秸秆利用问题已成为农业生产的一大难题，发生大量秸秆焚烧现象；化肥、灌溉、农药的机械作业投入多，造成生产成本持续加大；用地强度大，农田地力维持困难；灌溉用水多，水资源短缺，地下水超采严重。其保护性耕作的主要技术需求包括：农机农艺技术结合，有效解决小麦、玉米秸秆机械化全量还田的作物出苗及高产稳产问题；改善土壤结构，提高土壤肥力，提高农田水分利用效率，节约灌溉用水；利用机械化免耕技术，实现省工、省力、省时和节约费用等。

3. 主要技术模式

（1）小麦—玉米秸秆还田免耕直播技术模式　该模式将小麦机械化收获粉碎还田技术、玉米免耕机械直播技术、玉米秸秆机械化粉碎还田技术以及适时播种技术、节水灌溉技术、简化高效施肥技术等集成，实现简化作业、减少能耗、降低生产成本，以及培肥地力、节约灌溉用水目的。其技术要点：采用联合收割机收获小麦，并配以秸秆粉碎及抛撒装置，实现小麦秸秆的全量还田；玉米秸秆粉碎机将立秆玉米秸粉碎 1～2 遍，使玉米秸秆粉碎翻压还田；小麦、玉米实行免耕施肥播种技术，播种机要有良好的通过性、可靠性、避免被秸秆杂草堵塞，影响播种质量；进行病、虫、草害防治，用喷除草剂，机械除草、人工除草相结合的方式综合治理杂草。

（2）小麦—玉米秸秆还田少耕技术模式　该模式同样以应用小麦机械化收获粉碎还田技术、玉米秸秆机械化粉碎还田技术为主，但在玉米秸秆处理及播种小麦时，采用旋耕播种方式，实现简化作业、降低生产成本，及秸秆全量还田培肥地力、节约灌溉用水。其技术要点：采用联合收割机收获小麦，并配以秸秆粉碎及抛撒装置，实现小麦秸秆的全量还田；免耕播种玉米，机械、化学除草；秋季玉米收获后，秸秆粉碎旋耕翻压还田并播种小麦；进行病、虫、草害防治和合理灌溉。

第四节　农作物秸秆还田机械化技术

一、农作物秸秆还田的作用与意义

1. 农作物秸秆还田的作用　农业生产的过程是一个能量转换的过程。作物在生长过程中要不断消耗能量，也需要不断补充能量，需要不断调节土壤中水、肥、气、热等的含量。从我国目前的土地耕作情况看，农业生产还处于重用轻养的掠夺式经营状态。化肥施用量逐年增大，我国耕地只占到世界的 7%，而化肥施用量却占到了世界化肥施用总量的 27%，大部分地区没有采取有效的还田措施，仅有 1.7%的农作物秸秆用于还田，致使耕地连年种植不得休闲，土壤有效成分不能得到及时补充，土壤有机质含量逐年下降，土壤板结，地力衰退，造成农作物营养不良、品质下降和病虫害多的严重后果。世界上农业发达国家大都非常重视土地的用养结合并积极发展生态农业，把化肥施用量一般控制在施肥总量的 1/3 左右，秸秆还田和农家肥施用量占施肥总量的 2/3。多年的实践经验证明，农作物秸秆还田优势明显，具有较大的发展潜力。

农作物秸秆还田能够增加土壤中的有机质含量，培肥地力。农作物秸秆中含有氮、磷、钾、镁、钙、硫等多种元素，而这些元素正是农作物生长所必需的营养元素。有关数据表明，秸秆中的有机质含量平均在15%左右，按每公顷还田秸秆15t计算，则每公顷可增加有机质2 250kg，按我国年产秸秆6亿t计算，则含氮300多万t，含磷70多万t，含钾700多万t，相当于我国目前化肥施用总量的1/4以上。

农作物秸秆还田能够形成地面覆盖，抑制土壤水分蒸发，起到储存降水、抗旱保墒以及提高地温等作用。实验数据表明，农作物秸秆直接还田，能够大大增强土壤的保水、透气和保温能力，吸水率可提高10倍，地温提高1～2℃。

农作物秸秆还田给土壤微生物提供了大量能源物质，各类微生物数量和酶活性也随之增加，提高了土壤生物活性，接触酶活性可增加33%，转化酶活性可增加47%，尿酶活性可增加17%，这就加速了有机物质的分解和矿物质养分的转化，增加了土壤中的氮、磷、钾等元素的含量，提高了土壤养分的有效性。微生物分解转化后产生的纤维素、木质素、多糖和腐植酸等黑色胶体物质，对土粒具有黏结能力，并和黏土矿物形成有机与无机的复合体，促进土壤形成团粒结构，降低土壤容量，一般可降低0.06%～0.2%，孔隙度增加3%～6%，含水量提高1.5%。因此增强了土壤中水、肥、气、热的协调能力，提高了土壤保水、保肥、供肥的能力，改善了土壤理化性状。

农作物秸秆还田能够降低病虫害发生率。由于根茬粉碎疏松和搅动表土，改变了土壤的理化性能，破坏了玉米螟虫以及其他地下害虫的寄生环境，故能大大减轻虫害，一般可使玉米螟虫的危害程度下降30%。

实施农作物秸秆还田技术不仅可以逐步增加土壤肥力，实现以地养地，促进粮食增产增收，而且机手可从农机作业中获得一定的收入，秸秆机械化还田作业成本仅为人工还田作业成本的1/4，而工效却提高了40～120倍。实施农作物秸秆还田技术，无论从宏观上还是从微观上看，都具有较好的经济效益。

2. 农作物秸秆还田的意义　目前开发利用秸秆已成为我国农业生产资源开发和环境保护的新焦点。近10年来，秸秆还田发展很快，秸秆还田面积以年平均10%以上的速度增长。随着科学技术的进步，农业机械化水平的提高，秸秆的利用正由原来的堆沤肥向秸秆直接还田转变。秸秆直接还田主要有秸秆粉碎还田、高留茬还田和覆盖还田等三种方式。目前推广面积最大的高留茬还田约占秸秆直接还田总面积的60%，机械粉碎翻压和覆盖还田分别占22%和18%。秸秆还田已经成为我国“沃土工程”和“丰收计划”的重要内容，秸秆覆盖已成为干旱、半干旱地区农业增产增收的重要技术措施。

农作物秸秆机械化还田技术既解决了大量剩余秸秆的出路，避免了秸秆因废弃霉烂和焚烧造成的大气、河流等环境污染，又增加了土壤有机质含量，培肥了地力，减少化肥施用量，避免过量施用化肥造成的农业环境和生态环境污染，形成生态农业良性循环，促进农业的可持续发展。同时，机械化秸秆还田技术在旱作农业地区的实施，对改善土壤结构、增强土壤蓄水保墒的能力、减少径流损失、最大限度地保存和利用自然降水、改善旱作农业地区的生态环境，具有非常重要的意义。

二、农作物秸秆还田机械化技术

秸秆直接还田机械化主要是指秸秆粉碎直接还田机械化、根茬粉碎直接还田机械化、秸秆整秸直接还田机械化和秸秆整秆覆盖机械化等4种机械化还田方法。

1. 秸秆粉碎直接还田机械化　秸秆粉碎直接还田机械化技术是指用秸秆粉碎机在田间将已收获的作物（直立）茎秆就地粉碎并均匀抛撒在地表后，随即用犁耕翻深埋。该技术以机械粉碎、破茬、深耕和耙压等机械作业为主，将作物秸秆粉碎后直接翻埋入土，适用于各种土壤条件，秸秆腐解时间短，对农作物生长见效快，是一项综合配套技术，具有作业质量好、成本低、生产效率高等特点。所采用的秸秆粉碎还田机粉碎刀主要有锤爪式、甩刀式、直刀式、动刀与定刀切割等形式，可对水稻、小麦、玉米、高粱、棉花等软硬秸秆及蔬菜茎蔓、甘蔗叶等进行粉碎。

机械化秸秆粉碎还田，必须依照一定工艺程序作业。不同的农作物，其作业工艺也不尽相同；相同的作物，可采取多种方式作业，但作用效果基本相同。

（1）小麦秸秆粉碎直接还田机械化技术　小麦秸秆直接还田机械化技术可分为粉碎还田和整秆还田两大类。现将小麦秸秆机械化还田技术介绍如下。

目前，小麦机械化秸秆粉碎还田工艺主要有 4 种。

①机械（小型联合收获机或联合收割机）收获留高茬→秸秆粉碎还田机粉碎、抛撒或联合收割机带秸秆切碎装置在收割的同时完成秸秆的切碎，抛撒于地面→免耕施肥播种→喷施农药除草灭虫。

该项技术属于免耕播种的范围，其作业主要由三个环节组成：小麦秸秆粉碎覆盖是基础，免耕播种和化学除草是保证。此项技术在农艺方面有以下要求：一是小麦留茬高度尽量控制在20～30cm。二是小麦秸秆粉碎得越细越好，秸秆长度最好为5cm，10cm 以下的秸秆应占 85%以上。三是施肥要合理，加大底肥、有机肥和种肥用量，底肥和追肥要结合施用。四是需喷施除草剂。

小麦秸秆粉碎覆盖还田能减少土壤水分蒸发，上层土壤能较长时间地保持湿润状态；能增强降雨渗入率，不易产生径流，可蓄纳较多的雨水；覆盖秸秆隔离了阳光对土壤的直射，对土体与地表温热的交换起到了调节作用；秸秆覆盖与喷施除草剂结合使用，提高了除草剂对杂草的抑制作用。但在该项技术中，小麦收获后地表覆盖大量麦秸，免耕播种机播种作业时会经常堵塞开沟器，需要人工排除堵塞；玉米刚出土时，由于麦秸还未完全腐烂，会使灌溉受阻。

②机械收获脱粒→免耕施肥播种→喷施农药除草灭虫→旋耕破茬覆盖。

该项技术在农艺方面有以下要求：一是在免耕施肥时，应选用品质优良的玉米种子。二是播深适宜，播量精确。三是播施种肥时，种肥分施，不能混施，种肥间土层厚度应控制在3～5cm，免烧伤种子。四是破茬和播种开沟宽度一般为3～5cm，沟型弥合主要靠覆土镇压机构完成，若镇压不充分，易跑墒，遇雨易形成“芽涝”，影响作物苗期发育。五是播种后在墒情不足的情况下，可浇水补墒。六是应喷施除草剂。

先播种后旋耕技术既能把种子打入土内，又能破茬，并使麦茬均匀覆盖在地表形成覆盖层，节约了农时，提高了作业效率，同时减少了水分蒸发，增强了降雨渗水率，隔离了阳光对土壤的直射，抑制了杂草生长。但在该技术中，秸秆水分和养分有所损失；播种玉米时易堵塞播种机；灌溉时不畅通；播种时工作负荷大；播施的种肥有时烧伤种子，影响作物苗期发育。

③机械收割→秸秆粉碎还田机粉碎抛撒秸秆→施肥→灭茬、高柱犁深翻入土→水分调节→播种。

此项技术适用于高留茬的条件下进行秸秆还田机械化作业，在农艺方面有以下要求：一是小麦留茬高度及秸秆粉碎质量应符合小麦秸秆覆盖还田技术要求。二是必须撒施化肥。小麦秸秆含氮量少，在腐解过程中需吸收氮、磷等元素，为避免与下茬作物争肥，需补施一定量的氮和磷。三是灭茬耕翻。施肥后的田块，应旋耕灭茬，使秸秆与土壤混合均匀，然后进行深翻作业。四是应进行水分调节。秸秆翻埋入土后，要浇足塌墒水，消除土壤架空，以利秸秆腐解，促进种子发育和幼苗生长。

小麦秸秆粉碎耕翻还田作业后地表平整，易于播种玉米；玉米出土后易于灌溉，秸秆翻埋于地下容易腐烂，使养分能够充分吸收。但该项技术存在如下缺点：在播种前需要浇水塌墒，以使土壤与秸秆能紧密结合；小麦秸秆含氮量少，在腐解过程中需吸收氮、磷等元素，在耕翻前需补施一定量的氮和磷；秸秆还田旋耕机是以反转方式作业，其速度较慢，延误农时；秸秆翻埋入土增加费用，且不利于土壤保墒；粉碎后的秸秆如抛撒分布不均匀，影响秸秆还田效果。

④在南方稻麦产区，小麦可由联合收割机收获，同时抛撒被粉碎的秸秆或留高茬→放水泡田→补氮→圆盘犁翻埋或旋耕埋草机作业两遍。

该项技术在作业技术方面应注意以下几点：一是小麦收割时应尽量留高茬。根茬越低，田面留草量越多，预埋茬性越差；根茬越高，田面留草量越少，预埋茬性越好。半喂入联合收割机收割后，一般留茬应在 10～15cm，全喂入联合收割机收割后的留茬应在 25～30cm，秸秆粉碎长度均在 10cm 左右。二是放水泡田的时间应以泡软秸秆、泡透土壤耕作层为准。三是泡田时的灌水量要适宜，水层太浅或无水层，容易出现刀辊黏泥、拖板壅泥及机具作业负荷过大等现象；水层过深时，容易出现秸秆漂浮，覆盖效果差、埋茬率降低，对人工插秧或机插秧带来一定影响，一般水层控制在 3～5cm 左右为宜。四是耕翻前需补施一定量的氮和磷，避免降低土壤中速效氮的含量。五是机具的作业速度应根据土壤条件、秸秆还田量和秸秆的性质来确定，一般田块采取作业两遍的方法，第一遍机具前进速度要慢，旋耕深度略浅，第二遍作业速度稍快，旋耕深度达到预定的要求。

小麦秸秆水耕还田技术使秸秆和泥土充分搅拌，能可靠地实现秸秆全量还田，保持土壤生态和大气生态，很好地解决了水田平整这道工序的高效机械化问题，并将耕翻、碎土两道工序连在了一起，实现了一次性作业完成三道工序的高效低耗工艺流程，大大缩短了水田耕种周期。

（2）水稻秸秆粉碎直接还田机械化技术　水稻秸秆机械化粉碎直接还田的工艺路线为：机械或人工收获→将稻秆粉碎后均匀

抛撒在田间→施与稻秆等量的有机肥→灌水泡田→补施氮肥、磷肥→驱动圆盘犁翻埋稻秆→滚压机具整地→栽种水稻。该技术适用于双季稻或三季稻产区。

该项技术在作业技术方面应注意以下几点：一是水田泥脚深度宜为 10～20cm。二是未耕的旱地应先灌水泡田 12h，待土壤松软后再作业，若是已翻耕的田块，放水后便可作业。三是田面水深控制在 3～5cm 为宜。四是秸秆还田量应控制在每公顷7 500 kg 左右为宜。五是补施与秸秆等量的畜肥或有机肥，同时应一次性施入水稻全生育期所需氮肥总量的 80％和全部磷肥用作底肥，以平衡养分，调节碳氨比，加速秸秆腐烂分解速度，提高肥效与还田效果。六是机具的作业速度应根据土壤的条件和稻秆还田量合理确定，一般作业 2 遍，第一遍机具前进速度要慢，耕深略浅，第二遍作业速度稍快，达到规定的要求。七是为防止埋覆的稻秆分解产生有害气体导致烧苗，水稻秧苗栽插后水深不宜超过 10cm，秧苗返青后即可采用湿润灌溉法进行浅水勤灌，使前水不见后水，促进土壤气体交换与有害气体的释放。

稻秆粉碎还田所需机具主要有水田耕翻埋草机、水田埋草机具、水田驱动耙、水田驱动圆盘犁以及反转灭茬旋耕机及配套动力。

（3）玉米秸秆粉碎直接还田机械化技术　玉米秸秆机械化粉碎还田工艺有 4 种。

①摘穗→秸秆粉碎还田机粉碎、抛撒→施肥→旋耕（或耙茬）→深翻→压盖（或旋耕）→播种。

②玉米收获机（配粉碎还田机）收获、秸秆粉碎抛撒→施肥→深翻→浅旋耕、压盖→播种。

③摘穗→秸秆粉碎还田机粉碎、抛撒→施肥→旋耕→人工撒播→旋耕、压盖。

④摘穗→秸秆粉碎还田机粉碎、抛撒→施肥→旋耕 2 次、压盖→圆盘开沟播种机播种。

在实施玉米秸秆粉碎还田作业时应注意以下几点：一是秸秆粉碎要适时。玉米成熟后即可摘穗（摘穗时连苞叶一起摘下），秸秆随之还田，此时，秸秆含水量高，尚未完全形成纤维状，秸秆较脆、粉碎效果好。二是作业时应注意选择拖拉机作业挡位和调整留茬高度，秸秆粉碎长度不宜超过 10cm，严防漏切。玉米秸秆更不能在撞倒后再粉碎，否则不能把大部分秸秆粉碎。工作部件的离地间隙应控制在 5cm 以上，否则粉碎还田机会因工作部件位置过低，刀片打击地面而增加负荷，导致传动部件损坏。三是秸秆粉碎后要补施氮肥，以加速秸秆腐烂和防止土壤缺氮，保证所播作物在苗期良好生长。四是秸秆粉碎后及时用旋耕机或圆盘耙进行旋耕或耙地灭茬作业，以免深耕时形成难以破碎的根茬或大土块而影响播种。五是秸秆粉碎后应及时进行深耕覆盖，减少养分和水分损失，耕深应控制在 25cm 左右，碎秸秆覆盖应严密，且地表平整，土块细碎。六是深耕覆盖后应及时镇压，根据土壤疏松的实际情况适时适量镇压，使土壤细碎且具有一定的紧实度（可保墒蓄水），保证碎秸秆和土壤充分接触聚温，加速秸秆腐烂，以利作物播种和苗期生长。七是适时浇好封冻水和返青水。玉米秸秆在土壤中腐解时需水量较大，如不及时补水，不仅腐解缓慢，还会与麦苗争水，因此浇好封冻水，可沉实土壤，缓解冻害。来年春季要适时早浇返青水，促进秸秆腐解，保证麦苗正常生长发育所需的水分。八是注意病虫害的传播。应避免把病虫害严重的秸秆直接还田，在作物生长期间也要注意防治病虫害，以确保农作物优质丰产。九是注意秸秆的翻埋量。

（4）棉花秸秆粉碎直接还田机械化技术（棉花秸秆机械化还田技术）　棉花秸秆机械化还田技术是指棉花收获后，用机械将直立于田间的棉花秸秆和根茬进行直接粉碎，并均匀混拌在地上的一项综合配套技术。由于棉花秸秆部坚固，皮层纤维粗韧，且根茬尺寸较大，使得局部垡块较大，容易影响下熟作物的播种，同时使耕作的阻力成倍增加，因此棉秆的还田作业以粉碎后再破根茬旋耕埋秸秆为最佳。棉秆还田作业一般采取秸秆粉碎机与双轴灭茬旋耕机联合作业。

近年来，新疆研制的棉花秸秆粉碎还田机，在推广改进应用中已取得实践经验。锤片式棉花秸秆粉碎还田机是将棉花秸秆打成15～20cm长的节段，抛撒于田间进行秸秆还田。卧式棉花秸秆粉碎收获机悬挂于拖拉机后端，作业时，机壳上的滑板落在地上滑行前进，高速旋转的动刀在定刀的配合作用下，将棉花秸秆粉碎成10cm左右的秸秆，撒落田间。立式棉花茎秆粉碎还田机的工作幅宽比卧式机有所增加，作业时，刀片水平旋转，将棉花秸秆分层切碎成5～10cm的秸秆，抛撒于田间，实现棉花茎秆粉碎还田。

在实施棉花秸秆粉碎还田作业时应注意以下几点：一是要适时还田。棉花秸秆还田作业应在棉花收获完成后立即进行，此时的棉花秸秆呈绿色，秆内水分、糖分较多易于粉碎。二是要补施氮肥。为加速棉花秸秆的腐烂，保持土壤中氮、磷、钾元素的平衡，在还田作业后补施一定量的氮肥和磷肥。三是粉碎后秸秆长度越短越好。秸秆长度应控制在10cm以下，不得有漏切和秸秆堆积现象。作业时应将秆根五杈股以上部分全部粉碎，长度大于5cm的秆根数量不得超过秆根总数量的20%，站立漏切秆根数量不得超过秆根总数量的0.5%，秸秆粉碎还田机作业后，应保持原有地形。四是要适时耕翻。秸秆粉碎还田后要立即进行翻地作业，防止秸秆堆积和流失，同时又可避免水分、养分的散失。翻地作业要求扣垡严密、覆盖均匀、耕深在22cm以上。

2. 玉米根茬粉碎（机械化根茬粉碎还田技术） 机械化根茬粉碎还田技术是采用机械作业切碎、清除割去作物长秸秆后的剩余根茬的一项技术，适用于实行轮翻耕作制地区的玉米、高粱、大豆等作物的根茬粉碎，在不耕翻的年份，可一次性完成根茬粉碎、疏松土层，若采用联合作业机具，还可完成深松、起垄等作业。它既是第二年再生产的整地准备，又是种地养地的有效方法或措施。目前，在根茬粉碎还田作业中应用较广泛的机具有单轴或双轴灭茬旋耕机。灭茬机是由动力驱动的垄上灭茬整地机械，工作时旋转刀片切削根茬及土壤，并把切削下来的根茬及土壤向后抛掷与挡泥罩相撞击，使根茬及土块进一步破碎再落到地面，一次完成刨茬、切碎及垄上耕耙作业。

在实施根茬粉碎还田作业时应注意以下几点：

要选择合适的作业时间。一般可选择在秋季作物收割后或春季作物播种前进行，春季作业优于秋季作业。春季作业时，根茬经过冬季长时间的风吹日晒，水分基本被蒸发掉，茬部干脆，容易粉碎，埋在土壤中也不易腐解，不会分解和破坏土壤中的氮肥。加上春季所有根系都失去了活力，土质较秋季疏松，能减小灭茬机的工作阻力。

要做好准备工作。灭茬作业前，应清除田间的障碍物，填平沟坎，保持地块平坦，以保证机具的作业质量。

准备灭茬还田的作物收获时留茬高度要适当。如果留茬太低，就会降低根茬培肥土壤的能力，留茬过高，又会影响灭茬机的作业质量。玉米和高粱等秸秆较粗的作物，留茬高度应控制在10cm左右，小麦、大豆、棉花等秸秆较细的作物，留茬高度应在5cm左右为宜。

要根据不同作物及其根系发达程度确定灭茬深度。玉米、高粱、棉花等作物根系发达，灭茬深度应控制在10～20cm为宜，小麦、大豆等作物灭茬深度应为8～10cm。

单体作业幅宽应以不漏切根茬，不破坏垄界为准则，由于不同地区、不同作物的种植垄距不同，单体作业幅宽应控制在25～30cm为宜。

根茬粉碎程度要符合要求。根茬粉碎后，其切断长度在5cm以内的要占80％左右，5～10cm的只能占20％左右，站立漏切的根茬不得超过0.5％。

被灭茬机粉碎后的根茬，地表覆盖率不超过40％，地下覆盖率不低于 60%，若是同时配有起垄装置的灭茬机组，则整体碎茬覆盖率应达到 98%以上。

灭茬作业的同时对土壤加工越细碎越好，一般碎土率应为 90%～95%，这样可以增加土壤的孔隙和通风透光性。

根茬粉碎还田作业后，应进行镇压保墒。秋季进行灭茬作业的地块，可等到来年春季镇压，春季进行灭茬作业的地块，在灭茬作业一天后即可开始镇压，镇压作业可由机引 V 型镇压器或牲畜拉磙子完成。

3. 整秆覆盖技术（机械化整秆还田技术） 机械化秸秆整体直接还田可分为整体直接翻埋还田和整体覆盖还田两种方式，适用于一年一熟旱作农业地区的玉米、高粱等高秆作物及小麦高茬还田。秸秆机械化整秆还田技术，就是将摘穗后仍然保持直立状态的秸秆，不经粉碎，使用高柱犁（高柱犁和深耕犁）直接翻耕埋入土中，或是将摘除果穗后的直立秸秆使用整秆覆盖机编压覆盖于地表。

机械化整秆还田技术具有抗旱保墒、减少作业环节、提高土壤有机质以培肥地力等特点，采用整秆翻埋直接还田的高产大块土地，可选择与履带拖拉机相配套的重型四铧犁或高柱五铧犁，一般农田可选择与轮式拖拉机相配套的高柱三铧犁；采用整秸秆覆盖还田，可选择与小四轮相配套的整秆覆盖机等农机具。

整秆覆盖又可分为两种形式，一种是立秆覆盖，一种是倒秆覆盖。立秆覆盖可保证地表有较多的秸秆，不易被风刮走。但立秆覆盖由于地表裸露较多，保水、保土的功能较差，且播种困难。倒秆覆盖是指玉米收获后用机械或人工将秸秆压倒铺放在行间，有良好的覆盖效果，且由于秸秆与根茬连接，不易被风刮走，同时顺行压倒后也可抑制杂草的滋生。整秆覆盖的两种形式比较适合冬季风大的地区，但整秆覆盖时，由于秸秆很长，会对次年播种产生影响，所以此种方式不适合玉米产量高、秸秆量大的地方。

近年来，机械化水田秸秆还田技术在浙江、湖北等地南方水田秸秆还田方面取得了进展。这项技术是将机械收获或脱粒后的麦草、稻草抛撒田间，在灌水软化土壤和施肥后，用水田埋草机、埋草驱动耙或旋耕埋草机在水田中纵横作业两遍，即可达到水田栽插前的耕整地要求。水田整秆还田的秸秆除了稻秸和麦秸，还可以将瓜藤、绿肥和田间杂草直接旋耕还田。所采用的机具主要有水田埋草机、埋草驱动耙、旋耕埋草机等。在水田高留茬的秸秆还田作业中，江西、湖北等地生产的驱动圆盘犁、机耕船、驱动耙、水田犁等机具应用较为广泛。

机械化整秆还田技术工艺流程：摘穗（秸秆站立）→机械深耕（秸秆还田）→灌溉（旱地耙耱镇压）→机械化旋耕（或重耙）→机械化施肥播种。

在实施秸秆机械化整秆还田作业时应注意以下几点。

作物摘穗后，不使秸秆脱离根茬，在秸秆叶绿茎湿并保持站立状态时，及时对作物顺垄向进行耕翻还田作业。田间拉运作物果穗时，可把作物秸秆顺垄向压倒，但不能使秸秆根部脱离根茬。

必须采用大中型拖拉机进行作业，以保证前进速度大于5km/h、耕深在25～30cm之间。配套深耕犁犁柱高度应在60cm以上，且入土性能好，单犁体耕幅宽，犁壁曲面大，覆盖性能好，以保证秸秆埋入地表15cm以下。安装犁体时需拆除犁上的圆犁刀和覆土板，犁前可安装辅助镇压磙，以使推倒的秸秆紧贴地面，从而使秸秆整株顺利入土。拖拉机发动机前需加装横推杆和分禾器，以减少拖拉机风扇吸入的作物干叶，保持秸秆倒地时的形态一致。

整秆还田后要浇足塌墒水，旱地可进行适度镇压，使土壤与秸秆紧密接触，以便于秸秆内部吸收水分，为秸秆的腐化创造条件，有利于下茬作物的浅耕播种作业。在种植下茬作物前必须采用旋耕机和重型耙进行浅耕作业，耕深控制在12～16cm，把浅层的秸秆切碎，并使地表 16cm 以下的秸秆保持不变。同时，最好在旋耕作业时把有机肥同时施入土壤。施肥播种作业可采用施肥播种机一次完成，使种、肥距离保持在 5cm 以上，其开沟器应采用圆盘式和滑刀式，避免秸秆缠绕和堵塞。

参考文献

卜毓坚，屠乃美，刘文，等 . 2006. 我国农作物秸秆综合利用现状及其技术进展 . Crop Research（5）.

曹建军 . 1998. 秸秆还田机械化技术及推广应用前景（上）. 中国农机化（3）.

陈新，张瑞宏 . 2006. 机械化秸秆还田技术的应用及其展望 . 水稻生产机械化技术交流会论文集 .

陈勇，毕晓伟 . 2004. 旱地机械化保护性耕作模式的探讨 . 农村牧区机械化（4）.

高军 . 2007. 小麦秸秆还田机械化技术及要点分析 . 种植参谋（2）.

郝素琴，刘艳 . 2007. 我国农作物秸秆综合利用概况 . 中国管理学院学报，17（1）.

何康 . 2000. 中国农业年鉴 . 2000. 北京：中国农业出版社，52.

黄新平 . 2002. 新疆地区棉花秸秆机械的现状及发展 . 农机化研究（11）.

孔华祥 . 2006. 秸秆直接还田与机械化 . 江苏农机化（2）.

李涛，卓海峰，王文富，等 . 2008. 探讨秸秆焚烧的危害与秸秆的综合利用 . 科技信息（20）.

李新芸，江波 . 2006. 农作物秸秆综合利用现状及对策 . 湖南农机(2).

李遵奎 . 2007. 农业物秸秆综合利用及秸秆还田机具选择 . 湖南农机（2）.

刘丽香，吴承祯，洪伟，等 . 2006. 农作物秸秆综合利用的进展 . 亚热带农业研究，2（1）.

马士杰 . 2005. 根茬粉碎还田技术 . 农机世界（8）.

马伟，崔慧霞 . 2008. 机械化秸秆直接粉碎还田技术的推广与应用 . 农业技术装备（6）.

孟海兵．许飞鸣．2008. 秸秆还田及综合利用技术．北京：中国农业科学技术出版社．

慕永红，曹书恒，李珍，等．2005. 水稻机械化秸秆直接还田现状及发展趋势．黑龙江农业科学（5）．

任淑英，李景霞，田成江，等．2007. 浅谈棉花秸秆粉碎还田技术的实践（8）．

石磊，赵由才，柴晓利．2005. 我国农业物秸秆的综合利用技术进展．中国沼气，23（2）：11-14.

王效华．1994. 中国农村家庭能源消费现状与发展．南京农业大学学报，17（3）：134-141.

杨文勇．2002. 机械化秸秆整体直接还田技术．农业机具（9）．

赵昌秀．2006. 机械化秸秆还田技术．贵州农机化（4）．

郑海明．2007. 国外秸秆的综合利用．农家参谋（11）．

第二章

地表秸秆整备机具

在保护性耕作技术应用中，当地表秸秆、根茬残留量很大影响免耕播种作业时，常需要采用机械化作业方式对秸秆进行粉碎、灭茬或少耕、浅耕等处理，以细化或减少地表植被覆盖量，为免耕播种创造适宜的条件。能够完成上述功能并作为免耕播种机重要的一类配套作业机具，被称为地表秸秆整备机械。主要包括秸秆粉碎还田机、根茬粉碎还田机、圆盘耙和水田整地灭茬机械。

秸秆粉碎还田机主要用于免耕播种作业前对秸秆进行粉碎处理，将秸秆细化，以减少其对免耕播种机的堵塞。根茬粉碎还田机的作用是通过除茬部件将作物根茬切碎并有碎土功能，消除玉米等粗硬根茬对机具的阻抗作用，防止造成拥堵，影响播种质量。同时在增加旋耕、深松、起垄部件后，可一次完成根茬粉碎、起垄、深松等作业。

圆盘耙在我国北方旱作农业区得到广泛使用。圆盘耙不仅被普遍用于耕后整地，还用于以耙代耕，浅耕灭茬，是牵引式免耕播种机的重要且适用的配套机具。

水田整地灭茬是对稻田犁耕、旋耕后的土壤进行进一步的碎土、疏松、平整作业，具有对秸秆、残茬进行旋埋的功能，使土壤松碎起浆、覆盖绿肥和残茬及平整地面，为后续水稻插秧、播种等作业准备条件。水田整地灭茬机械主要包括水田耙、水田驱动耙和水田灭茬整地机等。

第一节　秸秆粉碎还田机

一、功能与工作原理

秸秆粉碎还田机是通过万向节传动轴或皮带、链传动将拖拉机动力输出轴或联合收割机的动力经机具传动系统传递至粉碎部件，驱动粉碎部件高速旋转用于对田间农作物玉米、高粱、小麦、水稻、棉花等秸秆进行粉碎并抛撒还田。秸秆粉碎还田可以增加土壤有机质，改善土壤结构，培肥地力，同时解决了“三夏”、“三秋”季节抢农时，争劳动力的问题，避免因焚烧秸秆产生的环境污染。在我国保护性耕作技术应用中，秸秆粉碎还田机常作为免耕播种机的配套机具，用于免耕播种作业前对秸秆进行粉碎处理，将地表秸秆、残茬及杂草粉碎、细化，以减少其对免耕播种机的堵塞。

秸秆粉碎还田机的工作原理是（图 2－1），逆向高速旋转

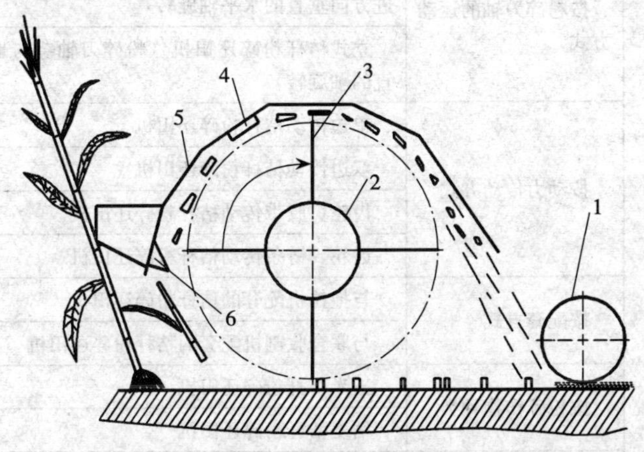

图 2－1　卧式秸秆粉碎还田机的工作原理

1. 地轮（镇压辊）　2. 刀轴　3. 粉碎刀　4. 前定刀　5. 罩壳　6. 喂入口定齿

（刀轴旋转方向与拖拉机或联合收割机驱动轮转向相反）的粉碎刀对直立和地上的秸秆及残茬进行冲击、砍切并将其拾起，随着机器行进秸秆不断喂入，同时粉碎刀高速旋转所形成的气流会在喂入口处造成负压，在其作用下，秸秆被吸入机壳内（粉碎室），机壳内安装有定齿与定刀，动、定刀的相对运动及折线型机壳内壁方向的改变对秸秆的阻挡、限制，使秸秆受到多次剪切、打击、撕裂、搓擦，被粉碎成碎段和纤维状，在气流及离心力作用下被抛送出去，抛撒到田间并为地轮压平。

二、秸秆粉碎还田机分类与其配套主机的连接方式

秸秆粉碎还田机可以有多种分类方法，如表 2-1 所列。

表 2-1　秸秆粉碎还田机的分类

<table>
<tr><td rowspan="15">秸秆粉碎还田机</td><td rowspan="3">按主要工作部件粉碎刀的结构形式</td><td>锤爪式秸秆粉碎还田机</td></tr>
<tr><td>Y 型甩刀式秸秆粉碎还田机</td></tr>
<tr><td>直刀式秸秆粉碎还田机</td></tr>
<tr><td rowspan="2">按粉碎刀轴的运动方式</td><td>卧式秸秆粉碎还田机（粉碎刀轴绕与机具前进方向垂直的水平轴旋转）</td></tr>
<tr><td>立式秸秆粉碎还田机（粉碎刀轴绕与地面垂直的轴旋转）</td></tr>
<tr><td rowspan="4">按动力传动方式</td><td>单边传动秸秆粉碎还田机</td></tr>
<tr><td>双边传动秸秆粉碎还田机</td></tr>
<tr><td>齿轮、胶带传动秸秆粉碎还田机</td></tr>
<tr><td>齿轮、链条传动秸秆粉碎还田机</td></tr>
<tr><td rowspan="2">按配套方式</td><td>与拖拉机配套的秸秆粉碎还田机</td></tr>
<tr><td>与联合收割机配套的秸秆粉碎还田机</td></tr>
<tr><td rowspan="2">按粉碎作物种类</td><td>玉米秸秆粉碎还田机</td></tr>
<tr><td>稻麦秸秆粉碎还田机</td></tr>
<tr><td rowspan="2">按机具相对于拖拉机宽度的关系</td><td>正配置秸秆粉碎还田机</td></tr>
<tr><td>偏配置秸秆粉碎还田机</td></tr>
</table>

目前，国内较普遍使用的是与拖拉机和联合收割机配套采用齿轮、单边胶带传动的卧式秸秆粉碎还田机，通常采用逆转方式作业，能够充分地将地面的秸秆拣拾并粉碎。立式秸秆粉碎还田机多用于棉花秸秆的粉碎还田。

与拖拉机配套使用的卧式秸秆粉碎还田机最常用的悬挂位置是后置式，采用标准三点悬挂方式，拖拉机动力通过万向节传动轴传递至机具。如图 2-2、图 2-3 所示。

图 2-2　秸秆粉碎还田机与拖拉机的三点悬挂

图 2-3　秸秆粉碎还田机在玉米秸秆地里作业

与玉米联合收割机配套的秸秆还田机可进一步细分为后置式、中置式与前置式连接方式。最常用的为后置式，对于自走式联合收割机，机具采用双连接臂机构与其机架铰接，用液压油缸实现升降，联合收割机的动力通过三角皮带传递至机具；对于背负式玉米联合收割机，机具悬挂方式与拖拉机配套使用的相同。如图 2-4、图 2-5 所示。

中置式挂接方式，是将秸秆粉碎还田机悬挂于玉米联合收割机的前后轮中间，采用双连接臂机构与玉米联合收割机的机架铰接，用液压油缸实现升降，联合收割机的动力通过三角皮带传递至机具。如图 2-6、图 2-7 所示。

前置式挂接方式（图 2-8），是将秸秆粉碎还田机悬挂于玉米联合收割机的割台与前轮之间，用旋转框架与液压油缸联合支

图 2-4　秸秆粉碎还田机与自走式联合收割机合后置式挂接

图 2-5　后置式挂接秸秆粉碎还田机的背负式联合收割机在收获玉米

图 2-6　秸秆粉碎还田机与自走式联合收割机中置式挂接

图 2-7　中置式挂接了秸秆粉碎还田机的联合收割机在收获玉米

撑机具并实现升降，联合收割机的动力通过三角皮带或链条传递至机具。稻麦秸秆粉碎还田机又称稻麦秸秆切抛机，以稻麦联合收割机为配套主机，安装在联合收割机秸秆抛撒处。稻、麦从收割机割台喂入，经脱粒滚筒脱粒后，秸秆从后仓直接进入秸秆粉碎机，在粉碎室内动刀片高速打击和动、定刀的剪切作用下，被粉碎成碎段和纤维状，沿拨禾板均匀抛撒在田间。该机与普通秸秆粉碎还田机的主要区别在于：结构简单，与配套主机安装紧凑、方便，工作可靠，适应性强，切碎性能好，秸秆抛撒均匀，是稻麦秸秆机械化粉碎直接还田的机具。该机的动力通过三角皮带由联合收割机传递（图 2-9)。

图 2-8　秸秆粉碎还田机与自走式联合收割机前置式挂接图

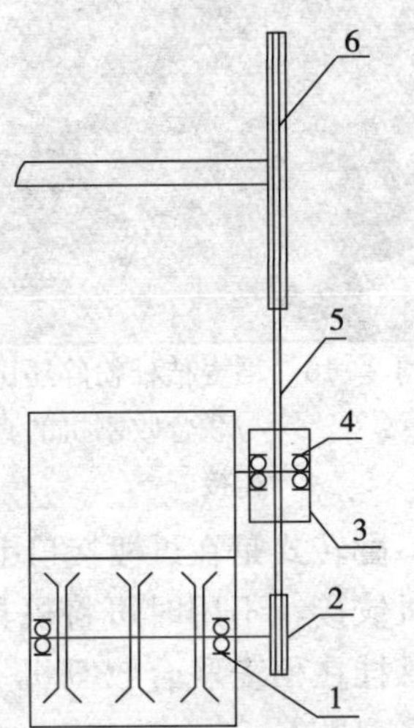

图 2-9　稻麦秸秆粉碎还田机的传动系统示意图

1. 轴承　2. 粉碎机小皮带轮　3. 张紧轮　4. 轴承　5. 三角皮带　6. 动力皮带轮

由于稻麦秸秆细软绵长的特性，要求刀轴转速达到3 000r/min，因此对粉碎轴的加工工艺、精度和动平衡要求很高。稻麦秸秆粉碎还田机与联合收割机的连接主要有直联式、抽拉式（滑移式）和翻转式。

直联式是将机具用螺栓直接连接在稻麦联合收割机的排草口处（图 2-10)。这种结构简单、安装牢固、成本低，缺点是拆卸不方便。与直联式相比，抽拉式要加装一个过度接口，使接口与稻麦联合收割机排草口相连，下部焊有滑道。使用时将粉碎还田机推入接口的滑道，挂上三角皮带即可作业。不用时摘下三角皮带，将还田机拉出滑道，非常方便（图 2-11)。

图 2-10　稻麦秸秆粉碎还田机与联合收割机的直接连接

图 2-11　稻麦秸秆粉碎还田机与联合收割机的滑移式连接

翻转式是在过渡接口上焊一对铰链，使其与稻麦秸秆粉碎还田机铰接，不用时可将机具翻转并悬挂在稻麦联合收割机上，见图 2-12。

图 2-12　稻麦秸秆粉碎还田机与联合收割机的可翻转式连接

与拖拉机配套的秸秆粉碎还田机按其相对于拖拉机宽度的关系还可分为偏置式和正置式。偏置式是指机具悬挂架中心面偏离拖拉机纵向中心面一定距离。采用偏置式的原因是由于拖拉机宽度一般都大于与其配套使用的秸秆粉碎还田机的工作幅宽，为使作业时能粉碎到地边，不留行，不丢秸秆，一般将机具的悬挂装置相对其纵向中心面偏离一定距离，即制成偏置式。目前偏置式机具使用较广泛，多采用机具向右偏置，好处在于机具作业开始就能粉碎到地边、不丢行。

随着国内大功率拖拉机的发展与使用，为了满足与其配套农机具不断增长的市场需求，企业研制了较大型秸秆粉碎还田机，使其工作幅宽稍大或相同于拖拉机的宽度，挂接时机具中心面与拖拉机的纵向中心面重合，即正置式秸秆还田机。与联合收割机配套的秸秆粉碎还田机一般为正置式。

三、秸秆粉碎还田机的结构特点

1. 卧式秸秆粉碎还田机　如图 2-13、图 2-14、图 2-15 所示，秸秆粉碎还田机主要由万向节传动轴、悬挂架、机壳、变速箱、传动系统、刀轴、地轮等部件组成。万向节传动轴如图 2-16 所示，由节叉、十字轴承、方轴、方管及销轴组成，用于拖拉机动力输出轴与机具变速箱的输入轴连接，以将动力传递至粉碎部件。万向节的方轴可在方管内自由滑动伸缩，保证秸秆粉碎还田机能正

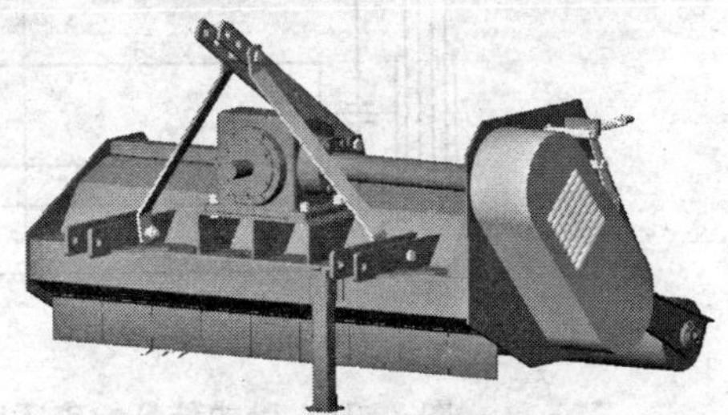

图 2-13　卧式秸秆粉碎还田机的外形结构

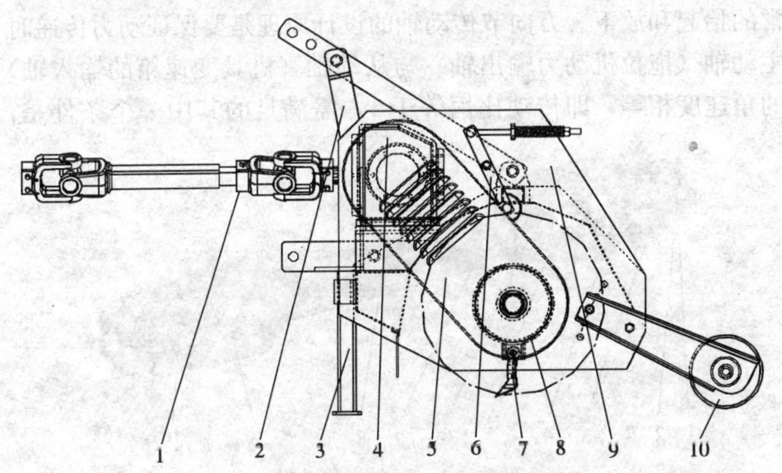

图 2-14　卧式秸秆粉碎还田机侧视图

1. 万向节传动轴　2. 悬挂架　3. 支撑杆　4. 变速箱　5. 传动胶带护罩　6. 张紧机构　7. 锤爪式粉碎刀　8. 刀轴　9. 机壳　10. 地轮

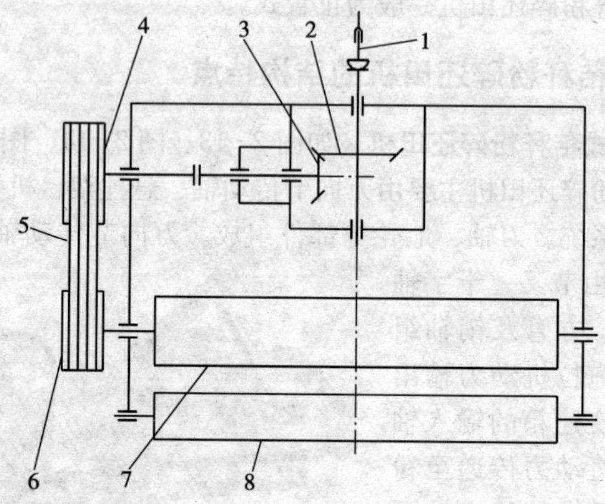

图 2-15　卧式秸秆粉碎还田机传动系统图

1. 万向节传动轴　2. 大锥齿轮　3. 小锥齿轮
4. 大皮带轮　5. 三角皮带　6. 小皮带轮　7. 刀轴　8. 地轮

常的抬起和放下。万向节传动轴的设计原理是要保证动力传递时主动轴（拖拉机动力输出轴）与从动轴（机具变速箱的输入轴）的角速度相等，即传动比恒等于 1。需满足的其中一个条件是，

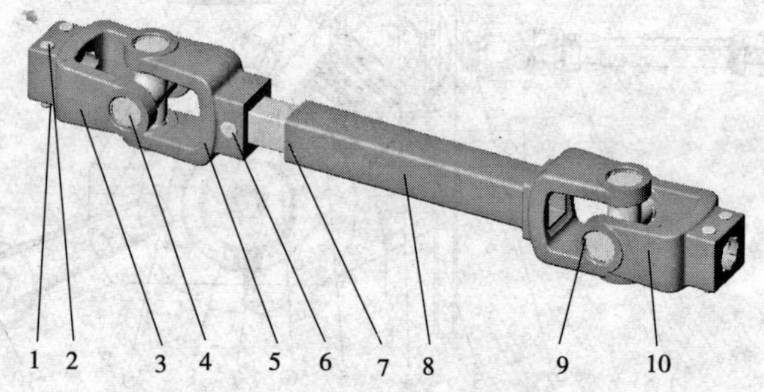

图 2-16　万向节传动轴

1. 开口销　2. 节叉锁销　3. 输出端节叉（与机具连接）　4. 十字轴
5. 方轴节叉　6. 方轴锁销　7. 方轴　8. 方管　9. 挡圈
10. 输入端节叉（与拖拉机连接）

中间轴两端的叉面必须位于同一平面内，否则，由于主动轴与从动轴转速不等，会产生响声和较大震动，造成机件损坏。因此，在与拖拉机挂接时应注意使方轴节叉与方管节叉的开口在一个平面内并上好锁销。同时，在动力结合状态下机具提升位置不能太高，以免万向节偏角过大造成损坏。一般的头转弯时，万向节传动轴与水平面的夹角不得大于 25°，运输时应切断动力，长距离运输时应将传动轴拆下。

万向节传动轴与拖拉机安装时应同时装上安全防护罩。安全防护罩由罩冠、滑环、外滑环座、外套管、内套管、内滑环座、链条等零件组成（图 2-17）。

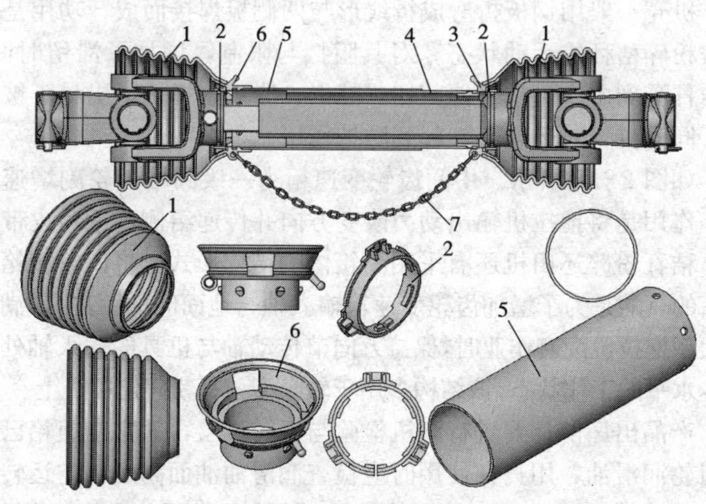

图 2-17　万向节传动轴安全防护罩

1. 罩冠　2. 滑环　3. 内滑环座　4. 内套管　5. 外套管　6. 外滑环座　7. 链条

外滑环座、内滑环座（直径大小与外滑环座不同）的外伸圆柱形套管面上等间距制有 6 个带斜面的直径为 7mm 的短圆柱销，在外套管、内套管外圆柱面上相应制有 6 个直径为 7mm 的孔。

安装时，将内、外滑环座分别与罩冠由大到小方向套装，在将内、外套管沿内、外滑环座外伸圆柱形套管推入并使孔销卡入配合的同时，内、外套管相互套装，至此，防护罩的主体罩冠、内外滑环座、内外套管已装配成一体，内、外套管可相互滑动。滑环是护罩与万向节传动轴的连接过渡件。将滑环外缘的3个凸起卡板，卡入滑环座的3个相应梯形孔中，滑环内缘6个滑块卡入万向节传动轴节叉的沟槽中，从而使安全防护罩与传动轴的相对位置固定。为了保证内、外套管不脱落，应将链条装上。

万向节传动轴安全防护罩一般用高密度聚乙烯和尼龙材料制造，也有采用薄钢板弯制焊接而成。

机壳一般用钢板折弯成折线形与两侧板焊接而成，功用是改变被粉碎秸秆的运动状态，对其阻挡与限制，增加了滞留时间，使秸秆受到多次、重复地剪切、打击、撕裂、搓擦，更易于被粉碎。同时机壳对运动部件起到防护作用。

如图2-18所示。中间齿轮变速箱为一级圆锥齿轮副增速传动，作用是将拖拉机输出动力改变方向并传递给侧边三角皮带传动。秸秆粉碎还田机还有采用高箱体的结构形式。将齿轮箱箱体增高的目的是为了增加齿轮变速箱输入轴与地面间的距离，以满足与大型拖拉机配套作业时，保持万向节传动轴与机具的输入轴处于基本水平的工作状态，该结构多用于较大型秸秆粉碎还田机上。

产品出厂前都要进行整机检验与运转试验，通常变速箱已加好齿轮润滑油，用户在使用时应检查润滑油油面高度，空运转机器，变速箱运转平稳，无异常声响，轴承温升不应过高，一般温升不应超过25℃。

侧边传动系统由主、被动三角皮带轮、三角皮带和张紧机构组成。张紧机构由张紧轮、摆臂、拉杆、弹簧和调整螺母构成，张紧轮压在松边三角皮带正面上，通过转动调整螺母改变弹簧的工作行程达到调整三角皮带的松紧。侧边皮带传动为增速传动。拖拉机输出动力通过万向节传动轴、中间齿轮变速箱改变方向并

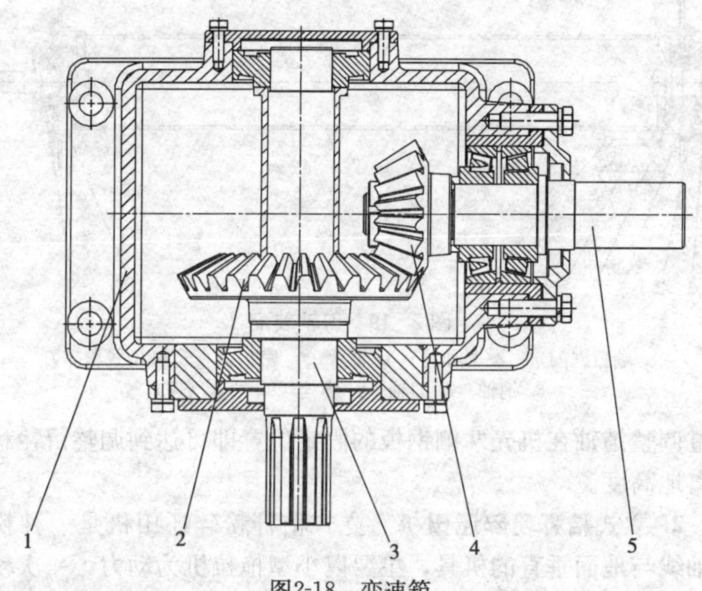

图2-18　变速箱

1. 箱体　2. 大锥齿轮　3. 输入轴　4. 小锥齿轮　5. 输出轴

增速后经左侧传动轴传递至侧边三角皮带传动（图 2 - 15），再次增速后传递给粉碎刀轴，驱动粉碎刀逆向高速旋转作业。

刀轴主体通常用厚壁钢管与两端轴焊合而成（图 2 - 19），沿刀轴轴向钢管外壁圆周面上成单（双）螺旋线排列或对称排列焊有多个刀座，刀座上铰接安装有粉碎刀。为了达到好的粉碎效果，要求刀轴高速旋转，刀轴转速一般为1 700～2 000r/min。为了保证机器工作平稳、可靠，机器组装前对刀轴部件都进行了动平衡试验。

地轮的作用是在作业过程中与拖拉机后悬挂装置配合支撑机器重量和调整留茬高度及对粉碎过的地面进行镇压与平整，以利于下一步耕种并保持水分。地轮一般用钢管与两端轴焊接而成，通过轴承、两侧摆臂架与机壳连接，在机壳两侧钢板上地轮摆臂架的活动范围内制有多个固定孔，用销轴限定地轮的工作高度。

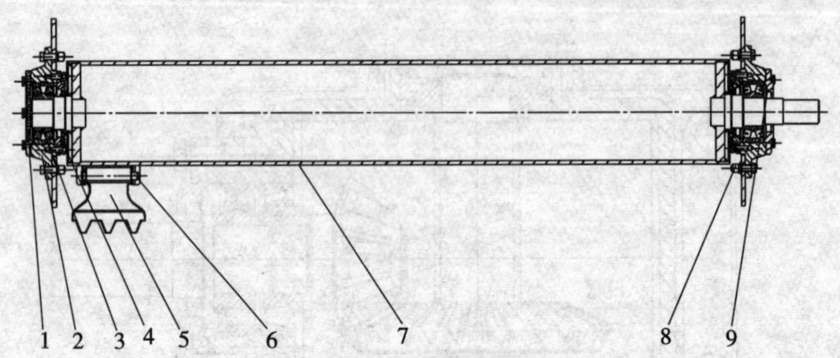

图 2-19　刀轴装配

1. 端盖（闷）　2. 轴承座　3. 轴承　4. 密封盖　5. 锤爪式粉碎刀　6. 销轴　7. 刀轴　8. 螺栓　9. 端盖（透）

通过调整销轴在机壳两侧钢板的固定位置即可达到调整留茬和机器离地高度。

2. 立式秸秆粉碎还田机　立式秸秆粉碎还田机是一种粉碎轴轴线与地面垂直的机具，主要以小型拖拉机为动力，一次粉碎一行或两行，以前置式为主（图 2-20）。主要由万向节传动轴、悬挂架、机壳、立式齿轮变速箱、立式刀轴、地轮等部件组成。

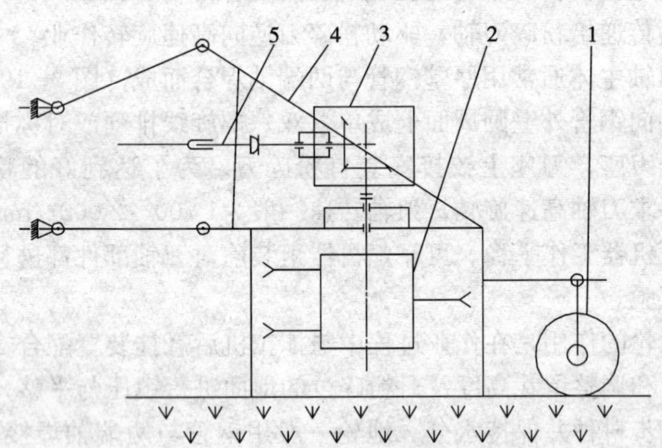

图 2-20　立式秸秆粉碎还田机示意图

1. 地轮　2. 立式刀轴　3. 变速箱　4. 悬挂架　5. 万向节传动轴

拖拉机输出动力通过万向节传动轴或皮带传动经机具变速箱传递至立式刀轴，立式刀轴上装有甩刀，作业时，随着机组前进并在集禾器作用下，秸秆被聚拢喂入机壳（粉碎室）内，甩刀对秸秆及根茬进行切割、粉碎，最后抛撒到地面。近些年发展起来的小型玉米联合收获机，其割台下面经常配有立式秸秆粉碎还田机。其工作原理是玉米联合收获机安装在割台处的对辊将摘穗后的玉米秸秆往下拉送，立式秸秆粉碎还田机的旋转刀轴带动几把刀将秸秆剪切成段状后抛撒到田间。

四、粉碎刀的种类、结构形式与功用

秸秆粉碎还田机粉碎刀的种类有锤爪式、弯刀（甩刀）式和直刀式，如图 2-21。

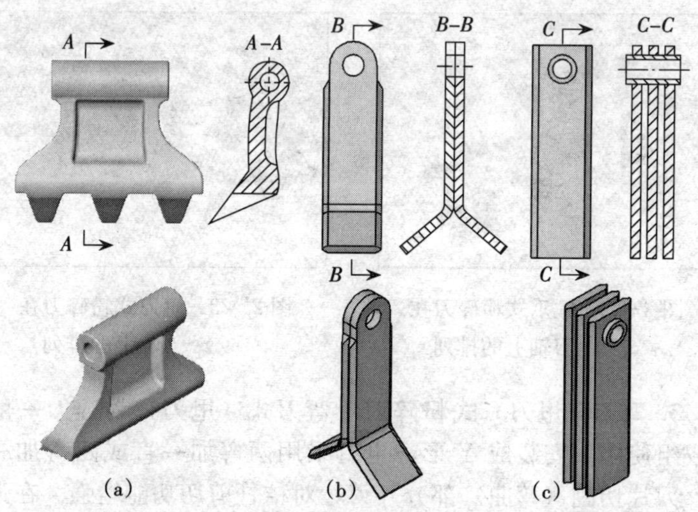

图 2-21　秸秆粉碎还田机粉碎刀

(a) 锤爪式粉碎刀　(b) 弯刀（甩刀）式粉碎刀　(c) 直刀式粉碎刀

1. 锤爪式粉碎刀　这种刀型是使用历史最早的一种。锤爪式粉碎刀的质量大，可产生较大的锤击惯性力，产生的负压高，喂入性好，对玉米、高粱、棉花等硬质秸秆有较好的粉碎性能，但消耗功率较大，工作效率低，秸秆韧性大时，粉碎质量差。

锤爪式秸秆粉碎还田机，每台机具使用10～15把锤爪，由于锤爪数量少，使用维修费用低。该类机型对沙石地适应性好，适用于山地、近海、滩涂及平原等各种地况。

锤爪式粉碎刀在刀轴上按单螺旋线排列，见图2-22。

2. 直刀式粉碎刀 直刀式粉碎刀一般三片成组使用，间隔较小，排列较密，刀片工作部分开刃。作业时有多个刀同时进行切断，对秸秆撞击次数多，粉碎效果好，刀片运转阻力小，消耗功率较小，工作效率高。直刀式秸秆还田机使用很普遍，在土地比较平整的所有地区都适用。粉碎刀在刀轴上按螺旋线排列，刀轴经过动平衡试验，工作平稳，振动小（图2-23）。

图2-22 锤爪式粉碎刀在刀轴上的排列

图2-23 直刀式粉碎刀在刀轴上的排列

3. 弯刀（甩刀）**式粉碎刀** 弯刀式（甩刀）粉碎刀一般两片成组使用，安装成Y形，也有采用两弯加一直或四弯加一直的。刀片切割（弯曲）部分开刃，对秸秆剪切功能增强。在刀轴高速旋转时，粉碎刀进行甩击，击碎、切断秸秆，粉碎效率高，秸秆的捡拾性能好，对不同秸秆种类的适应性强。与锤爪式粉碎刀比较，弯刀的体积、质量和所受到的阻力小，消耗功率较小。弯刀（甩刀）型秸秆粉碎还田机动力消耗介于直刀和锤爪式机型之间，作业效率较高，适于粉碎棉花、小麦、向日葵等秸秆。弯刀式粉碎刀在刀轴上的排列，见图 2-24、图 2-25。

图 2-24　弯刀（甩刀）式粉碎刀两片组装排列

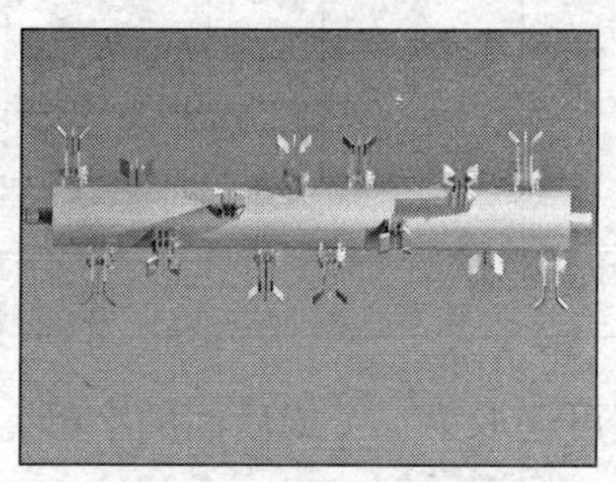

图 2-25　弯刀（甩刀）式粉碎刀三片组装排列

根据 JB/T6678 标准的规定，秸秆粉碎还田机粉碎刀应采用性能不低于 GB/T699 中规定的 65Mn 钢制造，表面热处理硬度 HRC48～56，芯部硬度 HRC33～40。有的在直刀式粉碎刀刃口焊接了耐磨合金，使粉碎刀具有较高的硬度，提高了耐磨性。

为了降低刀轴装配的整体不平衡量，以减少机器作业过程中引起的较大震动，除了对刀轴要进行动平衡外，粉碎刀在装配前应按重量分级，同一重量级的刀片重量差不大于 10g。了解这一点很重要，在用户对机器进行维护保养和季节性大修时，如果需要更换磨损了的粉碎刀，应注意刀片的重量差要求并成组更换。

五、秸秆粉碎还田机的产品型号表示方法

按 JB/T6678 标准的规定，产品型号表示方法如下：

改进代号：原型不标注；改进型用字母 A、B……标注，第一次改进标注 A，第二次改进标注 B，如此类推。

秸秆类型：通用型不标注；玉米、高粱、小麦、水稻、棉花等秸秆专用型粉碎还田机标注汉语拼音的第一个字母，若出现重

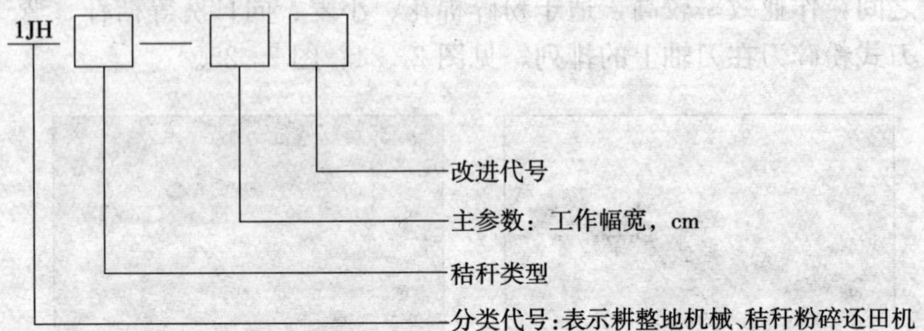

复可选取第二个或后面的字母。

标记示例：

工作幅宽 160cm，适合玉米秸秆粉碎还田的秸秆粉碎还田机表示为：1JHY-160

六、秸秆粉碎还田机作业的农业技术要求

根据 JB/T6678 标准的规定，玉米、高粱等作物秸秆粉碎合格长度不大于 100mm，小麦、水稻等作物秸秆粉碎合格长度不大于 150mm。与拖拉机配套的秸秆粉碎还田机的主要性能指标应符合表 2-2 的规定，与联合收割机配套的秸秆粉碎还田机的主要性能指标应符合表 2-3 的规定。

表 2-2　与拖拉机配套的秸秆粉碎还田机的主要性能指标

项　目		指　标
轮辙间秸秆粉碎长度合格率	(%)	≥92
轮辙中秸秆粉碎长度合格率	(%)	≥85
轮辙间留茬平均高度	(mm)	≤75
轮辙中留茬平均高度	(mm)	≤85
秸秆抛撒不均匀度	(%)	≤20
纯生产率	(hm^2/h·m)	≥0.33

表 2-3　与联合收割机配套的秸秆粉碎还田机的主要性能指标

项　　目	指　　标
秸秆粉碎长度合格率　　(%)	≥85
留茬平均高度　　(mm)	≤80
秸秆抛撒不均匀度　　(%)	≤30

七、国内秸秆粉碎还田机的主要技术参数

国内部分秸秆粉碎还田机的主要技术参数见表 2-4、表 2-5 和表 2-6。

表 2-4　秸秆粉碎还田机（企业系列产品）主要技术参数

型号	1JH-110	1JH-120	1JH-130	1JH-150
配套动力　(kW)	22.1～29.4	22.1～29.4	29.4～36.8	36.8～44.1
锤爪数量　(个)	/	8	8	10
甩刀数量　(个)	28	40	44	60
直刀数量　(个)	/	60	66	90
工作幅宽　(cm)	100	120	130	150
刀轴转速　(r/min)	1 800～2 400	1 800～2 400	1 800～2 400	1 800～2 400
整机重量　(kg)	350	360	386	488
外形尺寸　(mm) (长×宽×高)	1 300×1 600 ×1 000	1 450×1 350 ×1 050	1 550×1 350 ×1 050	1 750×1 350 ×1 050
作业效率　(hm^2/h)	0.20～0.33	0.20～0.33	0.20～0.33	0.27～0.53
切碎长度合格率　(%)	≥90（秸秆切碎长度≤100mm）			
留茬高度　(mm)	20～80			
拖拉机动力输出轴转速 (r/min)	540，720，760			

（续）

型号		1JH-160	1JH-165	1JH-172	1JH-185
配套动力	（kW）	44.1～51.5	44.1～51.5	51.5～58.8	58.8～66.2
锤爪数量	（个）	10	14	12	12
甩刀数量	（个）	64	44	64	76
直刀数量	（个）	96	/	108	114
工作幅宽	（cm）	160	165	172	185
刀轴转速	（r/min）	1 800～2 400	1 800～2 400	1 800～2 400	1 800～2 400
整机重量	（kg）	506	470	548	574
外形尺寸（长×宽×高）	（mm）	1 850×1 350×1 050	1 300×1 900×1 000	1 970×1 350×1 050	2 100×1 350×1 050
作业效率	（hm^2/h）	0.27～0.53	0.27～0.53	0.27～0.60	0.33～0.80
切碎长度合格率	（%）	≥90（秸秆切碎长度≤100mm）			
留茬高度	（mm）	20～80			
拖拉机动力输出轴转速（r/min）		540，720，760			

型号		1JH-190	1JH-200	1JH-240
配套动力	（kW）	66.2～73.5	≥73.5	≥73.5
锤爪数量	（个）	12	14	16
甩刀数量	（个）	76	80	96
直刀数量	（个）	114	120	144
工作幅宽	（cm）	190	200	240
刀轴转速	（r/min）	1 800～2 400	1 800～2 400	1 800～2 400
整机重量	（kg）	596	630	548
外形尺寸（长×宽×高）	（mm）	2 150×1 350×1 050	2 250×1 350×1 050	2 250×1 350×1 050
作业效率	（hm^2/h）	0.33～0.80	0.40～0.93	0.53～1.07

（续）

型号		1JH-190	1JH-200	1JH-240
切碎长度合格率	(%)	≥90（秸秆切碎长度≤100mm）		
留茬高度	(mm)	20～80		
拖拉机动力输出轴转速	(r/min)	540，720，760		

表 2-5　秸秆粉碎还田机（企业系列产品）主要技术参数

型号	4J-120	4J-150	4J-165	4J-180	4J-220
配套动力（kW）	22.1～29.4	36.8～44.1	36.8～44.1	40.4～51.5	51.5～58.8
工作幅宽（cm）	120	150	165	180	220
刀轴转速（r/min）	2 040	2 040	2 040	2 040	2 040
整机重量（kg）	335	485	500	525	670
外形尺寸（mm）（长×宽×高）	1 250×1 450×1 000	1 250×1 750×1 050	1 250×1 900×1 050	1 250×2 050×1 050	1 250×2 450×1 050
作业效率（hm^2/h）	0.27～0.40	0.33～0.47	0.40～0.47	0.40～0.53	0.47～0.60
粉碎长度（mm）	≤100				
留茬高度（mm）	20～50				

表 2-6　秸秆粉碎还田机（企业系列产品）主要技术参数

型　　号			1JQ-100	1JQ-150	1JQ-165	1JQ-170
工作幅度		(cm)	100	150	165	170
留茬高度		(cm)	≤7.5			
切碎长度		(cm)	玉米、高粱、小麦、水稻：≤10			
拖拉机	功率	(kW)	18.4～29.4	36.8～47.8	36.8～47.8	51.5～58.9
	动力输出轴转速	(r/min)	540、640、720			
	连接形式		三点悬挂连接			
结构形式			中间齿轮传动、侧边皮带传动			
刀片形式			锤爪/甩刀			

（续）

型　　号		1JQ-100	1JQ-150	1JQ-165	1JQ-170
锤爪/甩刀数	（把）	14/28	20/40	20/40	24/48
刀轴最大回转半径	（cm）	29			
刀轴转速	（r/min）	1 871～2 010			
最小离地间隙	（cm）	3～8			
机具前进速度（拖拉机）		Ⅰ～Ⅱ挡			
外形尺寸（长×宽×高）	（cm）	110×128×96	137×183×114	137×204×114	137×204×114
整机重量	（kg）	320	450	490	490
生产率	（hm^2/h・m）	0.33～0.74	0.53～0.91	0.53～0.93	0.61～0.98

第二节　根茬粉碎还田机

一、工作原理与机型分类

根茬粉碎还田机通过万向节传动轴将拖拉机动力输出轴的动力经机具传动系统传递至除茬部件，驱动旋转的除茬部件（L型弯刀等）对作物根茬切碎并碎土，机罩对抛起的根茬和土壤起到限制与导向作用，使土壤进一步破碎，同时将碎茬和土壤搅拌混合还田。

在保护性耕作技术应用中，作物根茬特别是玉米根茬对滑动式锐角开沟器播种机作业影响较大。玉米根茬粗壮硬实，其自然腐变降解时间一般都超过下一茬作物的倒茬休闲期，采用锄铲式、凿式、靴鞋式等锐角开沟器的播种机，除茬效果较差，玉米根茬对其起到阻抗作用，作业时根茬常挂在开沟器铲尖处，累积后造成拥堵，影响播种质量。因此，在我国北方一年一熟玉米种植区保护性耕作作业模式中，通常在播种前安排对作物秸秆与根茬进行机械式粉碎还田，为免耕播种创造有利条件。

目前，我国根茬粉碎还田机已并不仅局限在单一的功能上，为了适应一机多用和新的农艺要求，传统的灭茬机在增加了深松、起垄、旋耕部件后，向复式作业发展。复式作业可提高生产效率，降低作业成本，减少机器进地次数，从而减少机器对地的压实效应。

根茬粉碎还田机按使用功能可分为单轴式根茬粉碎还田机、根茬粉碎、起垄（或深松）机、秸秆及根茬粉碎还田机和双轴式灭茬旋耕机。

二、根茬粉碎还田机的结构特点

1. 单轴式根茬粉碎（起垄或深松）**机**　根茬粉碎还田机由齿轮变速箱、万向节传动轴、悬挂架、限深轮、传动系统、除茬刀辊和挡土罩组成，结构示意图见图 2 - 26。

拖拉机动力通过万向节传动轴经机具的中间齿轮变速箱和侧边传动系统（侧边齿轮或双排滚子链传动）传递至除茬刀辊，除茬刀一般采用 L 型弯刀，用高强度螺栓安装在沿刀辊面按规律排列焊接的刀座上。除茬刀的排列方式是决定根茬粉碎还田机性能的重要因素，对切土阻扭矩、功率消耗、作业质量及平衡性有很大影响。合理的弯刀排列应在满足灭茬农艺要求的基础上，使功率消耗最小，刀辊受力均匀，同时工艺性优良，便于制造。目前根茬粉碎还田机除茬刀的排列借鉴了旋耕机旋耕刀排列已有的成熟理论，采用左右弯刀双头单向螺旋线排列方式和双头螺旋线“人”字形双向对称排列方式。通常除茬刀辊为正向旋转（与拖拉机驱动轮转向相同）设置，在双轴式灭茬旋耕机中，刀辊采用逆向旋转（与拖拉机驱动轮转向相反），而旋耕刀采用正向旋转，这样的设置更有利于整机的动力平衡性。

通过调整限深轮的工作高度可以控制除茬刀的作业深度，通常根茬粉碎还田机的作业深度为 8～10cm。

一般对于北方玉米垄作种植地区，除茬后需要进行起垄作业，为了满足这种农艺要求，在根茬粉碎还田机上增加起垄工作部件（图 2-26），即构成根茬粉碎起垄机。有的机器增加了施肥装置，除了可以完成根茬粉碎起垄作业外，同时具备施肥功能。同样，也有采用根茬粉碎与深松作业组合的方式。

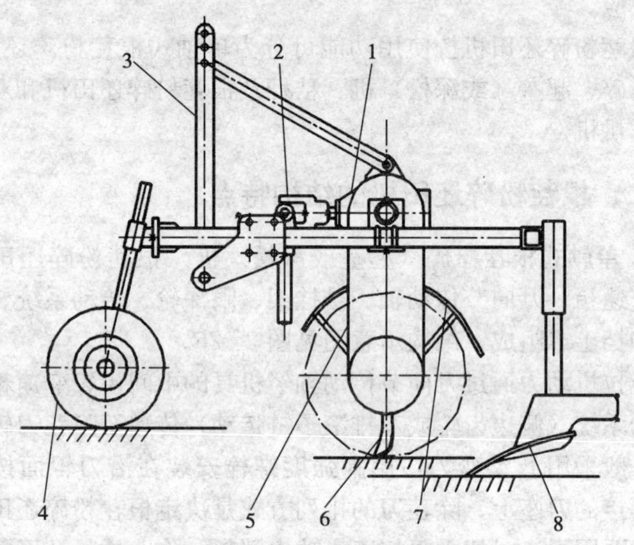

图 2-26 单轴式根茬粉碎（起垄或深松）机

1. 齿轮变速箱 2. 万向节传动轴 3. 悬挂架 4. 限深轮
5. 传动系统 6. 除茬刀辊 7. 挡土罩 8. 起垄铲总成

2. 秸秆及根茬粉碎还田机 秸秆根茬粉碎还田机主要是针对玉米、高粱等产区收获后秸秆、根茬粉碎还田所研制，将秸秆和根茬粉碎两种功能集于一机，一次作业可同时完成秸秆粉碎与根茬切碎还田，提高作业效率，减少了机组对土壤的压实。例如 1JHG-180 型秸秆根茬粉碎还田机，见图 2-27、图 2-28、图 2-29。该机采用中置齿轮变速箱，左侧为侧边胶带传动，右侧为侧齿轮箱传动，秸秆粉碎刀轴在前灭茬刀轴在后的布置。主体结构由悬挂架、万向节传动轴、中间齿轮变速箱、侧边胶带传动、张紧机构、侧齿轮箱、秸秆粉碎刀轴、灭茬刀轴、灭茬侧向万向节传动轴、机罩、地轮（限深辊）组成。

图 2-27　1JHG-180 型秸秆根茬粉碎还田机

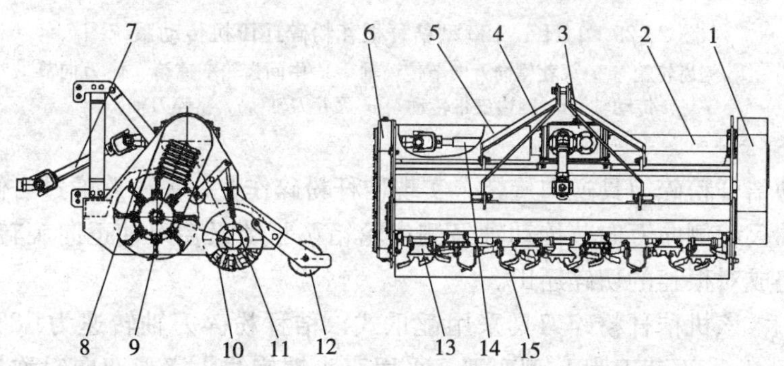

图 2-28　1JHG-180 型秸秆根茬粉碎还田机整机结构图

1. 传动胶带护罩　2. 左侧连接管　3. 中间齿轮变速箱　4. 悬挂架　5. 传动轴护罩　6. 侧齿轮箱　7. 万向节传动轴　8. 机壳　9. 秸秆粉碎刀轴　10. 灭茬刀轴　11. 张紧机构　12. 地轮　13. 锤爪式粉碎刀　14. 灭茬侧向万向节传动轴　15. L 型灭茬刀

中间变速箱采用卧式锥齿轮—圆柱齿轮二级传动双输出轴结构设计，侧齿轮箱为圆柱齿轮一级传动用多级过渡轮来满足中心距和刀轴转向的要求。拖拉机动力通过万向节传动轴经中间齿轮变速箱分为两路，一路通过左侧横向传动轴到侧边胶带传动，驱

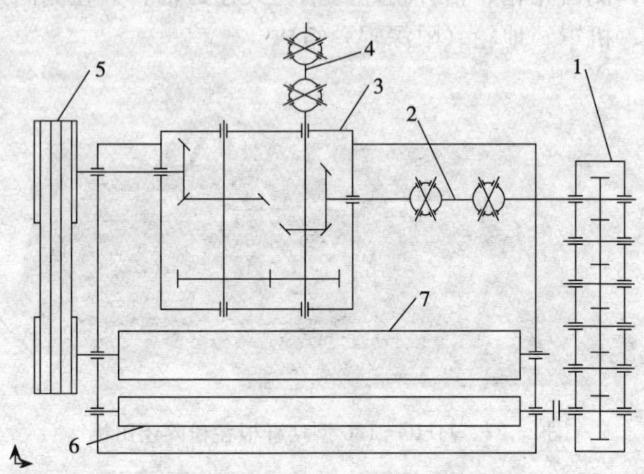

图 2-29　1JHG-180 型秸秆根茬粉碎还田机传动系统图

1. 侧齿轮箱　2. 灭茬侧向万向节传动轴　3. 中间齿轮变速箱　4. 万向节传动轴　5. 侧边皮带传动　6. 灭茬刀轴　7. 粉碎刀轴

动秸秆粉碎刀具逆向旋转，实现秸秆粉碎作业；另一路通过右侧的灭茬侧向万向节传动轴经侧齿轮箱，驱动灭茬刀轴正向旋转，完成对根茬的切碎还田。

该机秸秆粉碎刀具采用锤爪式，秸秆粉碎刀轴转速为1 881 r/min，灭茬刀为 L 型弯刀，采用双头螺旋线人字形双向对称排列方式，灭茬刀轴转速 412r/min。为了满足不同的耕作与作业质量要求，通过成对更换不同的锥齿轮，可以获得不同的传动比，从而达到调整灭茬刀轴的转速。该机的主要技术参数见表 2-7。

表 2-7　1JHG-180 型秸秆根茬粉碎还田机主要技术参数

项　　目	指　　标
配套动力　　　　(kW)	58.8～66.2

（续）

<table>
<tr><th>项 目</th><th colspan="5">指 标</th></tr>
<tr><td>工作幅宽 (cm)</td><td colspan="5">180</td></tr>
<tr><td>切碎机构最大回转半径 (mm)</td><td colspan="5">245</td></tr>
<tr><td>秸秆粉碎调节高度 (cm)</td><td colspan="5">2～4</td></tr>
<tr><td>灭茬深度 (cm)</td><td colspan="5">6～8（可调）</td></tr>
<tr><td>配套粉碎刀具形式</td><td colspan="5">锤爪或组合式（专门设计）</td></tr>
<tr><td>粉碎刀具数量</td><td colspan="5">锤爪：16把；组合刀：16组</td></tr>
<tr><td>旋耕灭茬刀形式</td><td colspan="5">L型旋耕灭茬刀（刀身长度185mm）</td></tr>
<tr><td>旋耕灭茬刀数量 (把)</td><td colspan="5">56（左右各28把）</td></tr>
<tr><td rowspan="3">刀轴转速 (r/min)</td><td>PTO</td><td colspan="3">灭茬刀轴</td><td>秸秆粉碎刀轴</td></tr>
<tr><td>540</td><td>472</td><td>418</td><td>397</td><td>1 843</td></tr>
<tr><td>720</td><td>472</td><td>412</td><td>382</td><td>1 881</td></tr>
<tr><td rowspan="2">结构形式</td><td colspan="5">秸秆粉碎传动部分：侧边胶带传动</td></tr>
<tr><td colspan="5">灭茬传动部分：侧边齿轮传动</td></tr>
<tr><td>机具与拖拉机连接形式</td><td colspan="5">三点悬挂</td></tr>
<tr><td>工作状态外形尺寸（长×宽×高）(mm)</td><td colspan="5">1 556×2 342×1 213</td></tr>
<tr><td>机组作业速度 (km/h)</td><td colspan="5">2～4</td></tr>
<tr><td>纯工作小时生产率 (hm^2/h)</td><td colspan="5">0.25～0.50</td></tr>
<tr><td>燃油消耗 (kg/hm^2)</td><td colspan="5">15～20</td></tr>
<tr><td>最小离地间隙 (mm)</td><td colspan="5">2</td></tr>
<tr><td>整机重量 (kg)</td><td colspan="5">950</td></tr>
</table>

3. 双轴式灭茬旋耕机 通常是在前面设置灭茬刀辊，后面设置旋耕刀辊，如后方再增设起垄部件就构成灭茬旋耕起垄联合作业机。灭茬刀辊转速300～550r/min，旋耕刀辊转速200～280r/min。灭茬刀辊先将玉米等作物残茬切碎（长度≤5cm），然后旋耕刀辊切、抛土壤并将已被切碎的根茬均匀混合在土壤中，耕深8～14cm。对于灭茬旋耕起垄联合作业机，旋耕刀在刀

辊上按垄作农艺要求，分区段“人”字形对称排列，使土壤往堆垄方向抛移，再经后部起垄部件开沟起垄，即完成灭茬、旋耕、起垄复式作业。

例如 1GM - 210 型双轴灭茬旋耕机，主体结构由悬挂架、万向节传动轴、中间齿轮变速箱、灭茬齿轮箱、旋耕齿轮箱、旋耕刀轴、灭茬刀轴、左侧传动轴、右侧传动轴、机架总成、罩壳托板等组成（图 2 - 30）。该机的主要特点是采用了三个独立的齿轮变速箱和两根刀轴，与机架组装成机。拆去右边的传动轴、灭茬齿轮箱和灭茬刀轴，就构成单独的旋耕机，拆去左边的传动轴、旋耕齿轮箱和旋耕刀轴，即变成单一的灭茬机，而连接所有的机件就成为双轴灭茬旋耕机。

中间变速箱采用卧式锥齿轮—圆柱齿轮一级传动双输出轴结构设计，左、右侧齿轮箱均为圆柱齿轮一级传动用多级过渡轮来满足中心距和刀轴转向要求。拖拉机动力通过万向节传动轴经中间齿轮变速箱分为两路，一路通过右侧传动轴用两个花键套分别与中间齿轮变速箱的右输出花键和灭茬齿轮箱的输入花键轴连接，驱动灭茬刀轴逆向旋转，实现对根茬的切碎；另一路通过左侧传动轴用两个花键套分别与中间齿轮变速箱的左输出花键和与旋耕齿轮箱的输入花键轴连接，驱动旋耕刀正向旋转，完成切、抛土壤并与切碎的根茬混合。

灭茬刀和旋耕刀在各自刀轴上均采用了双头单向螺旋线排列方式。根据拖拉机动力输出轴转速 720/540r/min，灭茬刀轴转速为 568/426r/min，旋耕刀轴转速 261/211r/min。

罩壳拖板的作用是对后抛的土壤起到一定的阻挡，使土块进一步破碎，同时在弹簧支杆的作用下对已耕过的土壤平整与稍压实。拖板的横截面一般为凹弧形，也有采用直线或折线形的。拖板上端与罩壳铰接，下端用链子限位或压力弹簧调节。拖板经压力弹簧强压后，能提高碎土、平整地表和压实表土的效果。

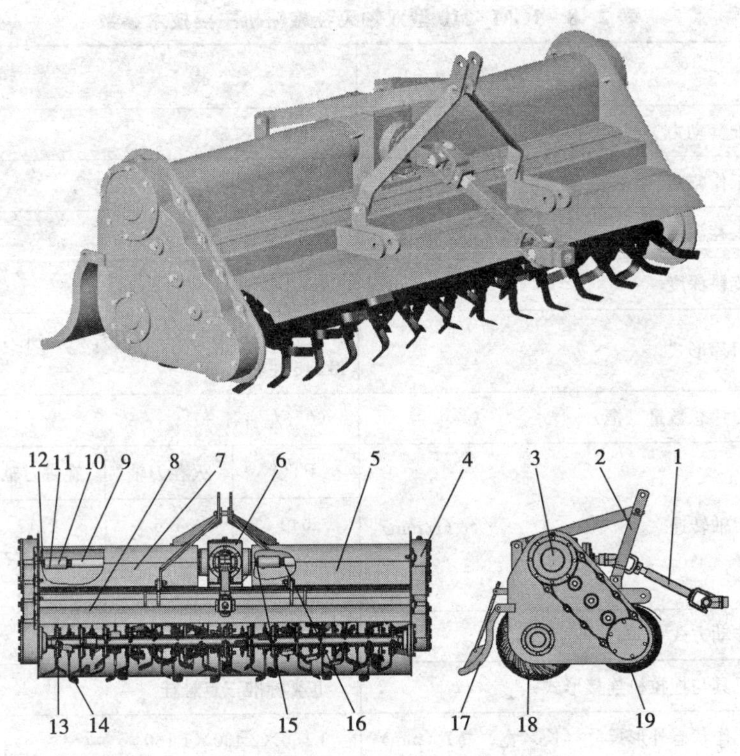

图 2-30　1GM-210 型双轴灭茬旋耕机

1. 万向节传动轴　2. 悬挂架　3. 右侧齿轮箱　4. 左侧齿轮箱　5. 左传动轴护罩　6. 中间齿轮变速箱　7. 右传动轴护罩　8. 机架　9. 右传动轴　10. 花键套　11. 销轴　12. 右侧齿轮箱输入花键　13. L 型灭茬刀　14. 旋耕刀　15. 中间齿轮变速箱的左输出花键　16. 左传动轴　17. 罩壳拖板　18. 旋耕刀轴　19. 灭茬刀轴

该机没有设置限深轮。限深轮用于控制机具的作业（耕耘）深度，机具在与只有高度调节机构的拖拉机配套时需安装限深轮，在与具有位调节机构的拖拉机配套时可不设置限深轮，耕深用拖拉机位调节手柄来控制。

1GM-210 型双轴灭茬旋耕机的主要技术参数见表 2-8。

表 2-8　1GM-210 型双轴灭茬旋耕机主要技术参数

<table>
<tr><th>项　目</th><th colspan="3">指　标</th></tr>
<tr><td>配套动力 （kW）</td><td colspan="3">58.8～73.5</td></tr>
<tr><td>工作幅宽 （cm）</td><td colspan="3">210</td></tr>
<tr><td>灭茬深度 （cm）</td><td colspan="3">4～8</td></tr>
<tr><td>旋耕深度 （cm）</td><td colspan="3">8～14</td></tr>
<tr><td>刀片形式</td><td colspan="3">灭茬刀：M1 型左右刀片；旋耕刀：IT245 左右弯刀</td></tr>
<tr><td>刀片总数量（把）</td><td colspan="3">60（左右各 30）</td></tr>
<tr><td rowspan="3">刀轴转速 （r/min）</td><td>PTO</td><td>灭茬刀轴</td><td>旋耕刀轴</td></tr>
<tr><td>540</td><td>426</td><td>211</td></tr>
<tr><td>720</td><td>568</td><td>281</td></tr>
<tr><td>传动方式</td><td colspan="3">侧边传动</td></tr>
<tr><td>机具与拖拉机连接形式</td><td colspan="3">Ⅱ类标准三点悬挂</td></tr>
<tr><td>工作状态外形尺寸（长×宽×高）（mm）</td><td colspan="3">1 165×2 460×1 160</td></tr>
<tr><td>作业速度 （km/h）</td><td colspan="3">2～6</td></tr>
<tr><td>生产率 （hm^2/h）</td><td colspan="3">0.29～0.88</td></tr>
<tr><td>燃油消耗 （kg/hm^2）</td><td colspan="3">9.88～12.35</td></tr>
<tr><td>整机重量 （kg）</td><td colspan="3">680</td></tr>
<tr><td>适用范围</td><td colspan="3">适用于灭茬、除草压肥等农田作业</td></tr>
</table>

按传动路径不同，双轴灭茬旋耕机可分为中间—侧边传动双轴式灭茬旋耕（起垄）机和双侧边传动的双轴式灭茬旋耕（起垄）机（如上述）。中间—侧边传动双轴式灭茬旋耕起垄机如图 2-31 所示。

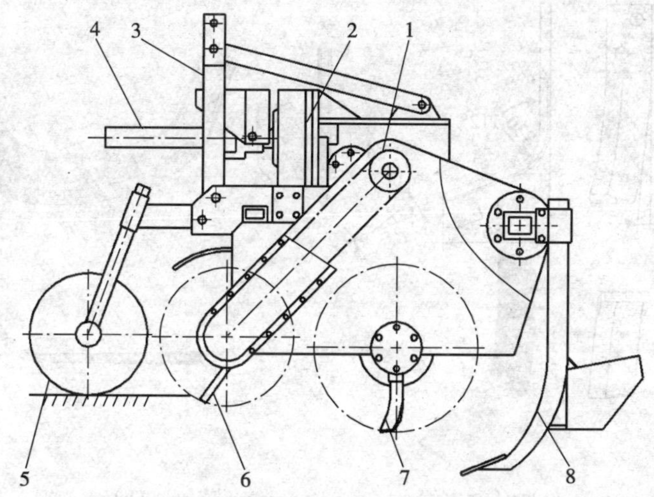

图 2-31 中间—侧边传动双轴式灭茬旋耕起垄机简图
1. 侧边链传动箱 2. 中间齿轮变速箱 3. 悬挂架 4. 万向节传动轴
5. 限深轮 6. 灭茬刀辊 7. 旋耕刀辊 8. 深松起垄铲总成

三、除茬刀的种类与结构形式

目前在根茬粉碎还田机上使用的除茬刀有旋耕刀、旋茬刀、L型弯刀等，见图 2-32。其中旋茬刀只能起出根茬，不能将根茬还田，圆犁刀、旋耕刀虽然能起到一定的除茬作用，但除茬率低，功耗大。L型弯刀是普遍使用的除茬刀，刀刃有单面、双面形式。

除茬刀的结构参数弯折角、切削宽度、正切面刃角、滑切角、弯曲半径等决定了除茬刀的受力、功耗、碎茬率、防堵塞及缠草能力、使用寿命、强度等性能和制造工艺的难易，在设计时需进行综合考虑、设定。同时，除茬刀在刀辊上的合理排列有利于提高根茬覆盖率、除茬率、碎土率等作业质量，改善整机的动力特性，对降低功耗也有重要作用。为了避免刀辊旋转过程中附

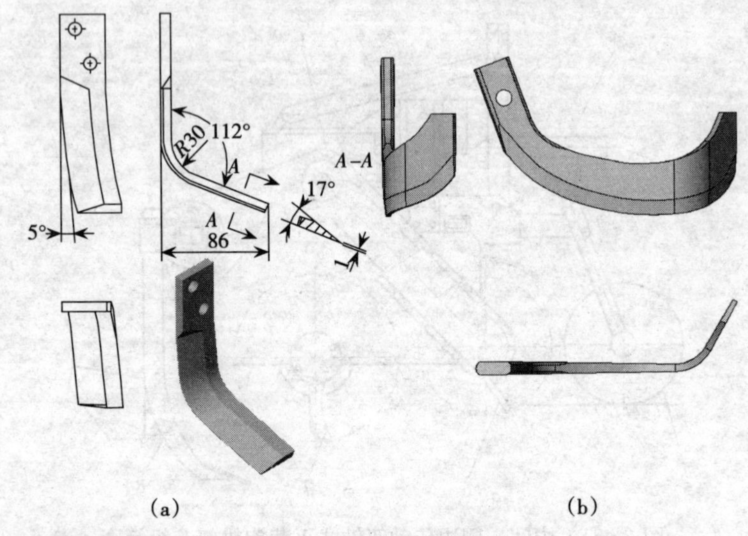

图 2-32　除茬刀的结构形式
(a) L 型弯刀　(b) 旋耕刀

加动载荷和作业中的脉冲震动，除茬刀的排列应参照现有旋耕机旋耕刀排列的理论，采用螺旋线排列。

根据 JB/T8401.3 标准的规定，除茬刀应采用性能不低于 GB/T699 中规定的 65Mn 钢制造，表面热处理硬度 HRC48～54，芯部硬度 HRC38～45。

四、根茬粉碎还田机作业的农业技术要求

根茬粉碎还田可以大量增加土壤有机质、疏松土壤、蓄水保墒、减少土壤侵蚀和肥料流失及具有消灭浅土层越冬病虫害的作用。

根茬粉碎还田机的作业深度一般为 8～10cm，应将根茬主根系（五股杈）以上全部粉碎。根据 JB/T8401.3 标准的规定，根茬粉碎合格长度不大于 50mm（不包括须根长度），在土壤含水

率不大于25%的平作地或垄作地，根茬平均高度不大于25cm，以额定生产率作业时，主要性能指标应符合表2-9的规定。

表2-9　根茬粉碎还田机的主要性能指标

项　　目		指　　标
灭茬深度	(cm)	≥7
根茬粉碎率	(%)	≥86
根茬覆盖率	(%)	≥80
功率消耗	(kW)	≤85%配套功率

五、根茬粉碎还田机的产品型号表示方法

按JB/T8401.3标准的规定，产品型号表示方法如下：

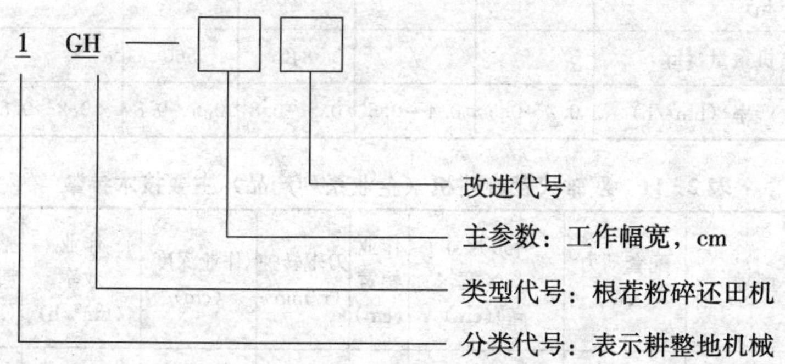

改进代号：原型不标注；改进型用字母A、B……标注，第一次改进标注A，第二次改进标注B，如此类推。

标记示例：

工作幅宽160cm的根茬粉碎还田机表示为：1GH-160

六、国内根茬粉碎还田机的主要技术参数

国内部分根茬粉碎还田机的主要技术参数见表2-10至表2-13。

表 2-10　秸秆及根茬粉碎还田机主要技术参数

型　号	4FX-120	4JCBQ-150	FMH-150	1JGH-2	1JGHL-140(2)
配套动力（kW）	26.8～40.4	40.4～44.1	58.8	36.8～44.1	40.4～58.8
工作幅宽（cm）	120	150	150	100	140
作业行数（行）	2	2	2	2	2
作业深度（cm）	48	10	5～9	9～14	6～12
秸秆粉碎长度（cm）	≤10	≤10	≤10	≤7	≤10
秸秆粉碎合格率(%)	≥95	≥95	≥92	≥95	≥85
根茬粉碎长度(cm)	/	/	/	≤5	≤5
根茬粉碎合格率(%)	≥98	/	≥85	≥95	≥90
秸秆粉碎刀轴转速（r/min）	/	/	/	1 800	1 420(反转)
根茬粉碎刀轴转速（r/min）	/	/	/	380	422
整机重量（kg）	/	/	840	560	/
生产率（hm^2/h）	0.2～0.5	0.4～0.5	0.5～0.8	0.6～0.8	0.2～0.5

表 2-11　双轴灭茬旋耕机（企业系列产品）主要技术参数

型号	配套动力（kW）	外形尺寸（长×宽×高）(cm)	作业幅宽（cm）	刀辊转速（r/min）	作业深度（cm）	作业效率（hm^2/h）	整机质量（kg）
1GQNM-150	29.4～36.8	115×180×106	150	灭茬 540 旋耕 278	灭茬 5～8 旋耕 8～14	0.20～0.33	678
1GQNM-180	36.8～44.1	115×210×106	180	灭茬 540 旋耕 278	灭茬 5～8 旋耕 8～14	0.27～0.40	710
1GQNM-200	44.1～58.8	115×230×106	200	灭茬 540 旋耕 278	灭茬 5～8 旋耕 8～14	0.33～0.47	735
1GQNM-230	58.8～73.5	115×260×106	230	灭茬 540 旋耕 278	灭茬 5～8 旋耕 8～14	0.40～0.53	745

表 2-12　双轴灭茬旋耕机（企业系列产品）主要技术参数

<table>
<tr><td colspan="2">型　　号</td><td>SGTN-180D4</td><td>SGTN-200D4</td><td>SGTN-220D4</td></tr>
<tr><td colspan="2">作业幅宽（cm）</td><td>180</td><td>200</td><td>220</td></tr>
<tr><td colspan="2">旋耕深度（cm）</td><td colspan="3">12～16</td></tr>
<tr><td colspan="2">灭茬深度（cm）</td><td colspan="3">5～8</td></tr>
<tr><td colspan="2">灭茬行数（行）</td><td colspan="3">3～4</td></tr>
<tr><td rowspan="2">配套拖拉机</td><td>额定功率（kW）</td><td>36.8～44.1</td><td>44.1～58.8</td><td>58.8 以上</td></tr>
<tr><td>动力输出轴转速（r/min）</td><td colspan="3">720/540</td></tr>
<tr><td colspan="2">旋耕轴转速（r/min）</td><td colspan="3">242～308</td></tr>
<tr><td colspan="2">灭茬轴转速（r/min）</td><td colspan="3">471～634</td></tr>
<tr><td colspan="2">连接方式</td><td colspan="3">三点悬挂连接</td></tr>
<tr><td rowspan="2">整机重量（kg）</td><td>配镇压滚</td><td>718</td><td>732</td><td>790</td></tr>
<tr><td>配刮土板</td><td>688</td><td>711</td><td>750</td></tr>
<tr><td rowspan="2">外形尺寸(长×宽×高)(mm)</td><td>配镇压滚</td><td>1 340×2 180×1 160</td><td>1 340×2 420×1 160</td><td>1 340×2 620×1 160</td></tr>
<tr><td>配刮土板</td><td>880×2 080×1 160</td><td>880×2 320×1 160</td><td>880×2 520×1 160</td></tr>
<tr><td colspan="2">传动齿轮箱齿轮油加注量（kg）</td><td colspan="3">6</td></tr>
<tr><td colspan="2">侧边齿轮箱齿轮油加注量（kg）</td><td colspan="3">3</td></tr>
<tr><td colspan="2">生产率（hm^2/h）</td><td colspan="3">0.27～0.67</td></tr>
</table>

表 2-13　双轴灭茬旋耕、起垄（多功能）整地机（企业系列产品）主要技术参数

型　号			1GQN-125JD		1GQN-140JD		1GQN-165JD		1GQN-180JD	
配套拖拉机功率		(kW)	22.0～29.4		29.4～36.8		36.8～44.1		44.1～447.84	
耕幅		(cm)	125		140		165		180	
与拖拉机连接形式			三点悬挂							
拖拉机动力输出轴转速		(r/min)	720	540	720	540	720	540	720	540
灭茬作业	刀辊直径	(cm)	36，36.8～47.8，58.9～73.5							
	刀辊转速	(r/min)	460	480	460	480	460	480	460	480
	刀片形式		L 型灭茬刀							
	刀片数量	(把)	左右各 20		左右各 22		左右各 26		左右各 28	
旋耕作业	锥齿轮速比		17∶38	22∶35	17∶38	22∶35	17∶38	22∶35	17∶38	22∶35
	刀轴转速	(r/min)	220	232	220	232	220	232	220	232
	耕深	(cm)	旱田 12～14							
	刀片形式		IT245 旋耕刀							
	刀片数量	(把)	左右各 14		左右各 16		左右各 20		左右各 25	
起垄作业（选装件）	形式		双翼起垄板							
	垄距	(cm)	最大 60		最大 70		最大 55		最大 60	
	起垄器数	(个)	3		3		4		4	
作业速度（km/h）			2～5							
外型尺寸(长×宽×高)（不含起垄器）		(cm)	123×152×110		123×163×110		123×187×110		123×217×110	
整机重量（不含起垄器）		(kg)	460		595		627		646	
齿轮油加油量		(kg)	中间齿轮箱≥6.5，侧边齿轮箱≥3							
生产率		($hm^2/h\cdot m$)	0.14～0.32		0.20～0.43		0.20～0.50		0.28～0.57	

第三节　圆　盘　耙

一、工作原理与机型分类

圆盘耙属于旱田整地机械，传统功能是对犁耕、深松等作业后的土壤进行土层及大土块的细碎疏松、平整地表，为后续的作业创造适宜条件，形成利于播种和栽植的苗床，在我国北方旱作农业区得到广泛使用。圆盘耙不仅被普遍用于耕后整地，还用于以耙代耕，浅耕灭茬，圆盘耙与浅松铲、弹齿、钉齿式或鼠笼式或螺旋式碎土镇压辊等部件配置，就构成了联合整地机，一次作业可完成松土、碎土、平整和镇压多道工序，形成地表平整、土壤细碎、上虚下实的理想种床。作业效率成倍增加。

圆盘耙采用从动工作部件，属于非驱动型整地机械。机器由前后耙组按充分利于作业的方式布列，每个耙组由多个耙片等间距排列安装，整机质量平均分配到每个耙片并施加在土壤上，耙片制成凹球面形与前进方向构成一定的偏角，在拖拉机的悬挂、牵引下，随着机器的前进，耙片滚动切割入土，将土层和地表残茬切碎并在耙片曲面作用下，土壤沿曲面运动抛移形成翻土效果（图 2-33）。

(a)

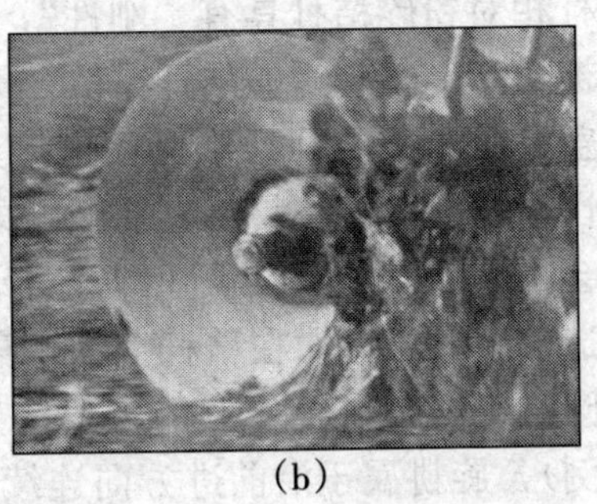

(b)

图 2-33　圆盘耙作业情况

(a) 在玉米留茬地里灭茬作业　(b) 耙片的翻土效果

在保护性耕作技术应用中，圆盘耙和联合整地机被作为免耕播种机的一类重要配套机具，常用于免耕播种作业前对秸秆与残茬的灭茬处理，降低秸秆覆盖量，为免耕播种创造有利条件。

目前我国主要使用的滑动式锐角开沟器（锄铲式、凿式、窄尖角式等）小麦和玉米免耕播种机，通过开沟器的分草功能来实现免耕排堵，排堵性能较差，在作物产量高秸秆残留量大时，机具作业易发生堵塞。为了解决堵塞问题，旋耕机和秸秆粉碎还田机被广泛使用，形成了秸秆粉碎还田机与拖拉机和联合收割机配套的作业方式，用于将秸秆粉碎、细化，与该类免耕播种机是一类适宜的配用机具，常作为保护性耕作技术应用模式中的一个作业工序。但对于近年来从国外引进的牵引式圆盘犁刀重力切茬免耕播种机（包括仿制机型），采用旋耕机和秸秆粉碎还田机进行免耕播种作业前的灭茬处理并不适合。牵引式免耕播种机设置了专门的破茬开沟土壤工作部件——圆盘犁刀（平面圆盘、缺口圆盘、带限深轮圆盘、宽波纹圆盘、窄波纹圆盘等），与双圆盘开沟器、镇压轮构成典型的三圆盘式播种单体机构，工作方式属于滚动式。试验表明，即使在秸秆量很大且集中时，一般也不会发生堵塞，出现的问题却是圆盘犁刀不能将秸秆全部切断，而是将秸秆压弯塞入土中。采用秸秆粉碎处理并不能降低覆盖量，整秸秆相对粉碎秸秆具有“刚性”，对于该类机型的圆盘犁刀更容易被切断，粉碎后的秸秆在秸秆量大时会在地表形成“棉被”式覆盖，由于碎秸秆纤维互相搭接又易于流动，具有柔中带刚的特性，圆盘犁刀不易将其切断，即使切断，由于碎秸秆的流动性，会很快弥合，双圆盘开沟器对地压力要小得多，使其无法入土，造成将种子播撒在秸秆上的现象。旋耕机的作用效果与其类同。圆盘耙与旋耕机作业的主要区别在于（以常用的卧式旋耕机为例），旋耕属于沿前进方向连续的表土层铣削作业，具有良好的碎土性能和拌和能力，对秸秆具有粉碎、切割作用，由于秸秆被粉碎分布量增加，粉碎秸秆与土壤搅拌掺和，种子播入其中常落入或夹在草中，影响种子发芽，造成弱苗、缺苗。耙地不会将秸秆切得很碎，属于整段式切碎，且有翻埋作用，降低了地表秸秆覆盖量，被切碎秸秆与杂草呈随机交错分布于土壤中，这种分布适于免耕播种机作业，不会影响种子出苗。圆盘耙和联合整地机特别适于与牵引式免耕播种机配合使用，这在国外保护性耕作技术应用中是一个成熟的经验。

按与拖拉机连接方式，圆盘耙分为牵引式、悬挂式和半悬挂式，按耙组的配置方式，可分为对置式和偏置式，按圆盘耙的整机重量平均分配到每个耙片的重量（单片机重），分为重型、中型、轻型三种，见表 2-14。

表 2-14 圆盘耙的类型

类 型	耙重量/耙片数 kg/n	耙片直径（mm）	每米耙幅牵引阻力（kg）	传统应用范围
重型圆盘耙	50～65	660	6～8	开荒、低湿地和黏重土壤，耕后碎土，黏壤土耙地代耕
中型圆盘耙	20～45	560	3～5	黏壤土耕后碎土，壤土耙地代耕
轻型圆盘耙	15～25	460	2.5～3	壤土耕后碎土，轻壤土耙地代耕

对置式圆盘耙（图 2-34a）的侧向力由左右耙组互相平衡，工作平稳，调整方便，便于左右转弯。但由于后列耙组都向内翻土，耙后中间有埂，两侧有沟。为了解决这一问题，可采用交错对置式排列（图 2-34b），使中间沟底平坦。同时，在后列耙组两侧各加一个直径较小的填沟圆盘，以填平最外侧耙片所形成的沟，而其自身形成的沟较小。偏置式圆盘耙（图 2-34c）耙后地面平整，无沟埂，目前应用较普遍，但由于耙组非对称排列，侧向力不易平衡，调整比较困难，作业时只宜单向转弯。重型圆盘耙分为牵引式和半悬挂式（图 2-35），中型和轻型圆盘耙可分为牵引式、半悬挂式和悬挂式(图 2-36)。宽幅圆盘耙以牵引式为主。

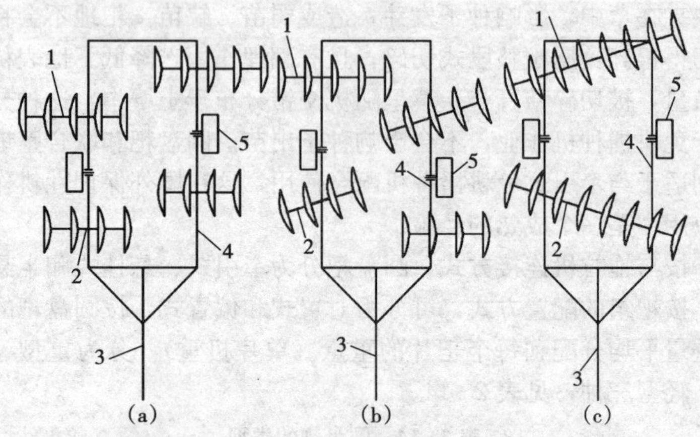

图 2-34　圆盘耙耙组排列示意图

(a) 对置式排列　(b) 交错对置式排列　(c) 偏置式排列

1. 后耙组　2. 前耙组　3. 牵引架　4. 机架　5. 运输轮

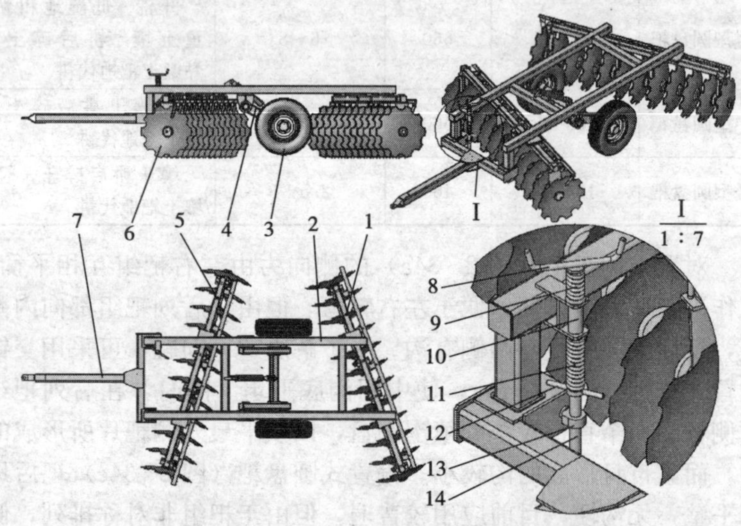

图 2-35　1BJ-2.5 型牵引偏置式重型圆盘耙

1. 后耙组　2. 耙架　3. 运输轮　4. 液压油缸　5. 前耙组　6. 耙片
7. 牵引架　8. 牵引器限位机构　9. 短弹簧　10. 套筒　11. 长弹簧
12. 手杆螺母　13. 牵引架螺母　14. 螺杆焊合

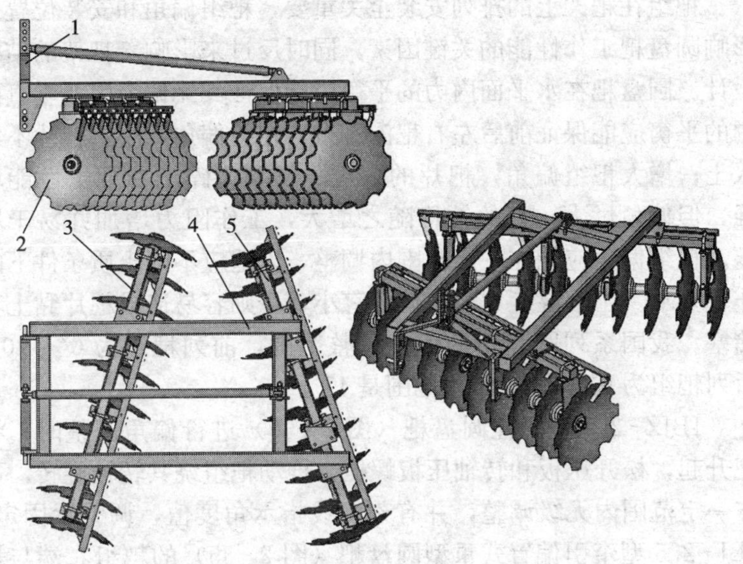

图 2-36　1BJZ-2.0 型悬挂偏置式中型圆盘耙
1. 悬挂架　2. 耙片　3. 前耙组　4. 耙架　5. 后耙组

二、圆盘耙的结构特点

如图 2-35 所示，圆盘耙由耙架、牵引架、牵引器限位机构、前耙组、后耙组、运输轮、液压油缸等组成。

1. 耙架　一般采用 GB3094 中规定的矩形和方形钢管焊接成框架型，用以连接耙组、支承运输轮、调节机构、牵引架或悬挂装置，有的耙架还设有配重架，在遇干硬土壤，耙片不易入土时，以增加机器重量。耙架形式分为刚性和铰接两种，刚性耙架具有良好的强度和刚度，通用性强，应用广泛，但对地面的仿形性差。铰接耙架对地具有仿形作用，但通用性差，目前采用较少。大型牵引式圆盘耙的机架常采用液压折叠机构，有中心折叠与两翼折叠方式，以实现宽幅作业，窄幅运输。作业时，耙架绕水平铰接对地面有一定的横向仿形性能。

耙组在耙架上的排列安装至关重要，耙组偏角和安装位置是影响圆盘耙工作性能的关键因素，同时反过来影响着耙架的结构设计。圆盘耙在水平面内力的平衡应能保证其无偏牵引，垂直面内的平衡应能保证前后左右耙深一致。耙组偏角太小，耙片不易入土；增大耙组偏角，耙片的入土、切草、碎土和翻土性能增强，但偏角过大，耙的结构随之增大，工作阻力增加并易于堵塞。耙组偏角应能在一定范围内调整，以适应不同土质条件下的作业要求。土壤湿度大时，偏角宜小，否则容易造成耙片黏土和堵塞。我国系列圆盘耙的偏角调整范围，前列耙组为0°～20°，后列耙组为0°～23°，常用范围是11°～20°。

1BJZ-2.0型悬挂圆盘耙（图2-36）进行偏角调整时，将耙升起，松开压板和转轴压板螺栓，推动耙组绕其转轴旋转，可在一定范围内无级调整，并有刻度线指示角度值，调整后固定。1BJ-2.5型牵引偏置式重型圆盘耙（图2-35）的耙组右端与耙架铰接，左端用销轴固定在耙架的左纵梁的不同孔位，以得到不同的耙组偏角。

耙架的纵向距离保证了前后耙组调节到最大偏角时，前后耙片不相碰，耙组间不壅土。对于牵引式圆盘耙，在两列耙组间留有安装运输轮的位置，整体考虑力求使结构紧凑。对于悬挂式圆盘耙，为了适应配套拖拉机的提升力范围，减小悬挂装置的提升力矩，提高机组的纵向稳定性，在保证上述要求下，尽可能采用了较小的纵向距离。

对于半悬挂式圆盘耙，耙架后部设置有四连杆支撑机构和限位调节装置，用于安装运输轮和调节其高度。

2. 牵引架 牵引式圆盘耙的牵引架通常采用矩形或方形钢管和加强钢板焊接成V型、Y型或T型结构，与耙架铰接，对于小型耙采用牵引架与耙架前端竖梁套装，构成滑动副（图2-35），以适应对牵引架的高度调整。牵引式圆盘耙上设有牵引器限位机构，由短弹簧、套筒、长弹簧、手杆螺母、牵引架螺母、螺杆焊合组成。对于牵引架与耙架铰接的机型，牵引架螺母与牵引架铰接，套筒与耙架铰接，以满足调整的需要。螺杆与套筒构成滑动回转副，转动螺杆可调节牵引点相对于耙架的高度，以保持工作与运输时耙架的水平。在牵引架有向上与向下运动趋势时，螺杆上的短弹簧和长弹簧分别起到缓冲作用。长弹簧下端有手杆螺母，可调节弹簧压力。

大型牵引式圆盘耙的耙架调平可采用液压油缸助力联动机构，如图 2－37 所示。铰接在耙架前横梁上的双臂摆杆，下端与铰接在牵引架上的双向螺杆铰连，上端与运输轮拐臂轴上的拉杆铰接。当油缸推动拐臂轴带动运输轮支架顺时针摆动使运输轮下降时，拐臂轴的另一端推动拉杆向后运动，带动双臂摆杆顺时针摆动，通过双向螺杆推动牵引架逆时针向下摆动，这样当耙架升高时，该联动机构使牵引架降低某一高度，从而尽量维持运输时机架水平。双向螺杆自身也可微量调节使机架前倾。作业时前后列耙深不一致时，可通过拉杆末端的螺母来调节；当压簧不能再压缩，而后列耙入土仍较前列耙浅时，可通过油缸使运输轮下降到接近地面，这样通过调平机构的杠杆作用，把力传到牵引点，相当于拖拉机牵引点给耙一个加深后列耙组耕深的力矩，即可起

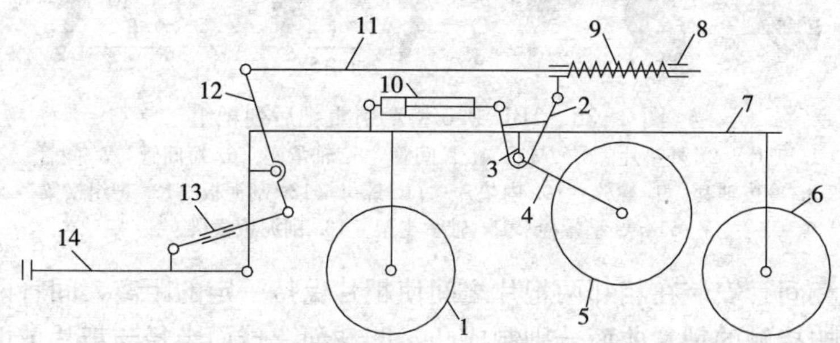

图 2－37　牵引式圆盘耙耙架纵向调平机构示意图

1. 前列耙组　2. 拐臂轴　3. 轮架　4. 运输轮支架　5. 运输轮
6. 后列耙组　7. 耙架　8. 螺母　9. 压簧　10. 液压油缸
11. 拉杆　12. 双臂摆杆　13. 双向螺杆　14. 牵引架

到从前列向后列耙组转移重量的作用。

3. 耙组 耙组是圆盘耙的主要工作部件（图 2 - 38），由多个耙片用间管按一定的间距串装在方轴上，轴端通过内、外垫片用螺母锁紧。耙组通过轴承座和支架与耙组横梁连接后再安装在耙架上，轴承处两边用短间管。作业时耙片、间管、轴承内圈随方轴一起转动。每个耙片上都有刮泥板，刮泥板固定在刮泥板横梁上，并用连接板和螺栓固定在耙组横梁上。

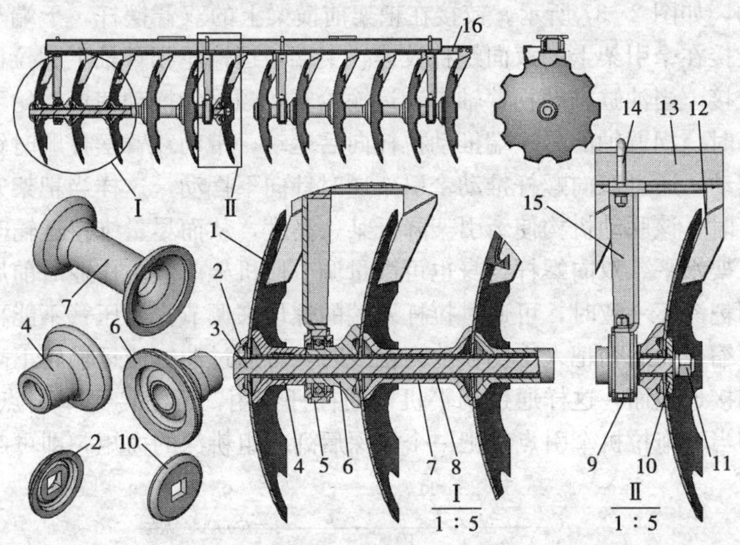

图 2 - 38　1BJ - 2.5 型牵引重耙后列耙组

1. 耙片　2. 外垫片　3. 方轴　4. 长间管　5. 轴承座　6. 短间管　7. 间管　8. 冷拔轴套　9. 螺栓　10. 内垫片　11. 螺母　12. 刮泥板　13. 耙组横梁　14. U 型螺栓　15. 轴承支架　16. 刮泥板横梁

间管安装在相邻两耙片之间使耙片保持一定的距离，间管两端按接触的耙片曲面分别制成凸、凹球面，球面半径与耙片球面一致，用以与耙片可靠接触。轴承处用两个专用结构形式的半间管限定耙片间距并与轴承配合安装。间管用高强度灰铸铁制造的较多，也有采用钢管等制成。系列圆盘耙的间管材料为 HT150，半间管为 HT200。

方轴为耙片的主支撑与驱动轴，截面尺寸为 32mm×32mm，用不低于 GB700 和 GB702 规定的 Q275 方钢制成。

每个耙组装有 2～3 个轴承。轴承的工作特点是转速低，灰尘大，工作条件恶劣，承受很大的轴向与径向载荷。通常采用外球面自位的专用轴承，型号有 F29 型和 F33K 型两种，每个作业季节只需润滑一次。

圆盘耙的工作阻力通过耙组横梁传递到耙架上。耙组横梁多采用矩形钢管，管口两端加顶盖焊接，以增强抗扭性能。耙组轴承支架的固定通过 U 型螺栓或压板和两个螺栓安装在耙组横梁上，同一耙组上轴承支架的轴向位置可任意调整。

耙组装配好后应满足：耙片不得有松动现象；耙片周边跳动应符合表 2-15 的规定；装缺口耙片的耙组，相邻耙片的缺口应错开安装。

表 2-15　耙组装配后耙片周边跳动量

耙片直径（mm）	径向跳动（mm）	端面跳动（mm）
450	≤3	≤5
500，550	≤4	≤6
600，650	≤5	≤9
700	≤7	≤11

按 JB/T6279 的规定，圆盘耙基本参数见表 2-16。

表 2-16　圆盘耙基本参数

类　型	轻	中	重
单片机重　（kg）	15～25	20～45	50～65
设计耙深　（mm）	100	140	180
耙组配置形式	偏置；对置		

（续）

类　型	轻	中	重
耙组偏角范围（°）	7～23	11～23	14～26
耙片间距　（mm）	170，200	200，230	230，280，300
方轴尺寸　（mm）	28×28，32×32	32×32	32×32，40×40
运输间隙　（mm）	悬挂耙，半悬挂耙：≥200		
	牵引耙：≥150		
18kW 以下的小型拖拉机配套圆盘耙的运输间隙不受此限			

4. 耙片　圆盘耙片采用球面圆盘，按其外形分无缺口（全刃口）和有缺口圆盘耙片两种（图 2-39）。无缺口耙片制造简单、刃磨方便。缺口圆盘耙片的外缘有 6～12 个三角形、梯形或半圆形的缺口，入土性能好，切碎土块和作物残茬的能力较强，多用于重型圆盘耙。按 JB/T6279 的规定，圆盘耙片的基本尺寸见表 2-17。

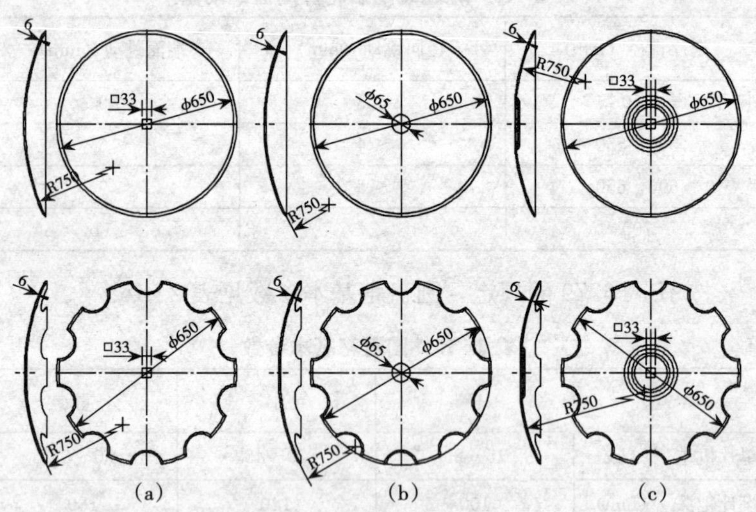

图 2-39　圆盘耙片形式

（a）方孔球面圆盘　（b）圆孔球面圆盘　（c）方孔球面平底圆盘

表 2-17 圆盘耙片的基本尺寸

单位：mm

类 型	轻		中		重	
直径	450	500	550	600	650	700
直径公差	js18					
曲率半径	600		600		700	
厚度	3～4	4～5	4～6		5～8	
方孔尺寸	29×29	33×33	33×33		33×33	41×41

耙片采用使用性能不低于 GB699、GB710 和 GB711 中规定的 65Mn 钢板制造，热处理硬度为 HRC38～48，耙片硬度合格率不低于 85%。同品种耙片的硬度差为 7 个洛氏硬度单位。

5. 运输轮和液压油缸 运输轮轴采用 GB699 和 GB702 中规定的 45 号钢制造，表面热处理硬度为 HRC35～45。运输轮优先采用橡胶轮胎。

牵引式圆盘耙一般用液压油缸实现运输时机具的升起、折叠及辅助调节耙深。通过油管端的快换接头与拖拉机液压系统输出端口连接构成闭合回路，作业时操纵拖拉机液压控制手柄进行机具的升降。

单作用和双作用液压油缸应分别符合 JB5122 与 JB5123 的规定。

针对保护性耕作技术应用还有专门的灭茬耙，见图 2-40。其结构形式与传统的圆盘耙有较大不同。机架采用方形钢管与钢板焊接成双梁矩形框架，前后耙组不采用通常的方轴、间管、耙片串装式，而是每个耙片独立的通过轴承座装在方形弹簧式耙轴上，弹簧式耙轴的另一端通过槽形压板用 U 形螺栓固定在机架上，耙片间距可调。耙片偏角由加工弹簧耙轴时结构上保证，前后耙片偏角相反。鼠笼式碎土镇压辊除了具有碎土、镇压作用，

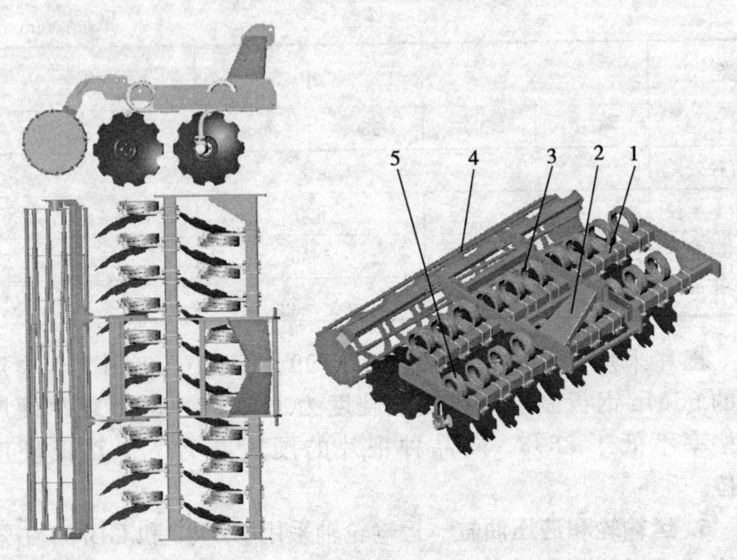

图 2-40　悬挂式灭茬耙

1. 机架　2. 悬挂架　3. 后耙组　4. 鼠笼式碎土镇压辊　5. 前耙组

通过销轴和机架后部镇压辊连接板上的不同孔位可调节镇压辊的工作高度，从而起到控制耙深的作用。

该灭茬耙适用于多石与作物残茬量大的情况下作业。在未遇到障碍物时，耙片保持要求的作业深度，牵引力通过弹簧耙轴传递。当遇到障碍物，土壤阻力超过允许载荷时，弹簧耙轴产生变形，耙片克服弹力升起，对耙片起到了安全保护作用。工作部件越过障碍物后，可自动复位。同时，弹簧耙轴在工作过程中产生的振动有利于碎土。

三、圆盘耙作业的农业技术要求

按 JB/T6279 的规定，在壤土和黏土含水率为 15%～25%，机组作业时拖拉机驱动轮（左、右）滑移率不大于 20%的条件下，圆盘耙作业质量应符合表 2-18 的规定。

表 2-18　圆盘耙作业质量

序号	项　目	指　标		
		轻耙	中耙	重耙
1	耙深稳定性变异系数（%）	≤15.0	≤17.5	≤20.0
2	碎土率（%）	≥70	≥60	≥55
3	耙后地表标准差（cm）	≤3.5	≤4	≤4.5
4	耙后沟底平整度标准差（cm）	—	≤4	≤4.0
5	灭茬率（%）	—	≥80	≥80

四、圆盘耙的产品型号表示方法

按 JB/T6279 的规定，产品型号表示方法如下：

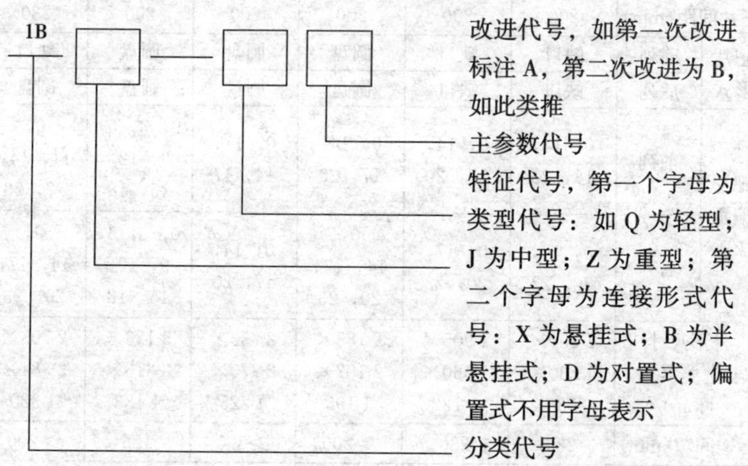

标记示例：

工作幅宽 2.1m，悬挂偏置式轻耙表示为：1BQX-2.1。

五、国内圆盘耙的主要技术参数

国内部分圆盘耙的主要技术参数见表 2 - 19、表 2 - 20。

表 2 - 19　系列圆盘耙的主要技术参数

<table>
<tr><th colspan="2">名　称</th><th>12 片悬挂
偏置轻耙</th><th>16 片悬挂
偏置轻耙</th><th>22 片悬挂
偏置轻耙</th><th>28 片悬挂
偏置轻耙</th><th>36 片牵引
偏置轻耙</th><th>18 片悬挂
偏置中耙</th></tr>
<tr><td colspan="2">型号</td><td>1BQX - 1.1</td><td>1BQX - 1.5</td><td>1BQX - 2.1</td><td>1BQX - 2.7</td><td>1BQ - 3.5</td><td>1BJX - 2.0</td></tr>
<tr><td colspan="2">耙幅（m）</td><td>1.1</td><td>1.5</td><td>2.1</td><td>2.7</td><td>3.5</td><td>2.0</td></tr>
<tr><td colspan="2">设计耙深（cm）</td><td>10</td><td>10</td><td>10</td><td>10</td><td>10</td><td>14</td></tr>
<tr><td colspan="2">耙组数（组）</td><td>2</td><td>2</td><td>4</td><td>4</td><td>4</td><td>2</td></tr>
<tr><td colspan="2">耙片数（片）</td><td>12</td><td>16</td><td>22</td><td>28</td><td>36</td><td>18</td></tr>
<tr><td rowspan="4">耙片尺寸（mm）</td><td>直径</td><td>460</td><td>460</td><td>460</td><td>460</td><td>460</td><td>560</td></tr>
<tr><td>曲率半径</td><td>600</td><td>600</td><td>600</td><td>600</td><td>600</td><td>750</td></tr>
<tr><td>厚度</td><td>3，5</td><td>3，5</td><td>3，5</td><td>3，5</td><td>3，5</td><td>4</td></tr>
<tr><td>方孔尺寸</td><td>29×29</td><td>29×29</td><td>29×29</td><td>29×29</td><td>29×29</td><td>33×33</td></tr>
<tr><td colspan="2">耙片间距(mm)</td><td>200</td><td>200</td><td>200</td><td>200</td><td>200</td><td>230</td></tr>
<tr><td rowspan="2">耙片形式</td><td>前列</td><td>缺口</td><td>缺口</td><td>圆盘</td><td>圆盘</td><td>圆盘</td><td>缺口</td></tr>
<tr><td>后列</td><td>缺口</td><td>缺口</td><td>圆盘</td><td>圆盘</td><td>圆盘</td><td>圆盘</td></tr>
<tr><td rowspan="2">耙片偏角（°）</td><td>前列</td><td>0，14，17，20</td><td>0，14，17，20</td><td>0，14，17，20</td><td>0，11，14，17</td><td>0，3，6，9，12，15，18</td><td>0，11，14，17，20</td></tr>
<tr><td>后列</td><td>0，17，20，23</td><td>0，17，20，23</td><td>0，14，17，20，23</td><td>0，14，17，20</td><td>0，3，6，9，12，15，18</td><td>0，14，17，20，23</td></tr>
<tr><td colspan="2">外形尺寸（长×宽×高）（mm）</td><td>1 590×1 230×830</td><td>1 905×1 560×1 122</td><td>2 183×2 107×1 190</td><td>2 730×2 770×1 225</td><td>3 123×3 616×1 133</td><td>2 103×2 384×1 320</td></tr>
<tr><td colspan="2">运输间隙(mm)</td><td>280</td><td>280</td><td>>200</td><td>>300</td><td>125</td><td>>200</td></tr>
<tr><td colspan="2">整机重量（kg）</td><td>200</td><td>240</td><td>370</td><td>470</td><td>820</td><td>441</td></tr>
<tr><td colspan="2">最大牵引阻力（kN）</td><td>4.5</td><td>6</td><td>7.35</td><td>9.1</td><td>10</td><td>8.6</td></tr>
</table>

（续）

名　称		24 片悬挂偏置中耙	44 片牵引偏置中耙	24片半悬挂偏置重耙	24 片牵引对置中耙	24 片牵引对置重耙	28 片牵引对置重耙
型号		1BJX-2.5	1BJ-4.9	1BZBX-2.5	1BZD-2.6	1BZ-2.5	1BZ-3.0
耙幅（m）		2.5	4.9	2.5	2.6	2.5	3.0
设计耙深（cm）		14	14	18	18	18	18
耙组数（组）		2	8	4	4	4	4
耙片数（片）		24	44	24	24	24	24
耙片尺寸（mm）	直径	560	560	660	660	660	660
	曲率半径	750	750	750	750	750	750
	厚度	4	4	5	5	5	5
	方孔尺寸	33×33	33×33	33×33	33×33	33×33	33×33
耙片间距(mm)		230	230	230	230	230	230
耙片形式	前列	缺口	缺口	缺口	缺口	缺口	缺口
	后列	缺口	圆盘	缺口	缺口	缺口	缺口
耙片偏角（°）	前列	11，14，17，20	0，14，17，20	0，14，17，20	0～20	0，14，17，20	14，17，20，23
	后列	14，17，20，23	0，14，17，20，23	0，14，17，20，23	0～20	0，14，17，20，23	14，17，20，23
外形尺寸（长×宽×高）（mm）		2 970×2 680×1 460	5 465×3 500×2 275	3 956×3 050×1 540	4 010×3 434×1 170	4 888×2 878×1 260	5 400×3 250×1 340
运输间隙(mm)		>300	190	>200	150	190	>200
整机重量（kg）		760	2 000	1 200	1 450	1 600	1 700
最大牵引阻力（kN）		12	25	20	18	20	23.4

表 2-20　非系列圆盘耙的主要技术参数

名称		14 片 悬挂偏置 缺口耙	16 片 悬挂偏置 缺口耙	41 片 牵引对置 圆盘耙	76 片 牵引对置 轻耙	79 片 液压折叠 对置轻耙	87 片 液压折叠 对置轻耙
型号		PQX-1.4	PXD-1.35	PY-3.4	1BY-7.4	1BQD-6.6	1BQD-7.2
耙幅（m）		1.4（1.8）	1.35	3.4	7.4	6.6	7.2
设计耙深（cm）		16	10	12	12	10	10
耙组数（组）		2	2	4	8	8	8
耙片数（片）		1.4（1.8）	16	41	76	79	87
耙片尺寸（mm）	直径	510	445	445	510	460	460
	曲率半径	660	600	600	600	600	600
	厚度			4	3，5	3，5	3，5
耙片间距（mm）		230	180	168	200	170	170
耙片形式	前列	缺口	缺口	圆盘	圆盘	圆盘	圆盘
	后列	缺口	缺口	圆盘	圆盘	圆盘	圆盘
耙片偏角（°）	前列	0， 11，14， 17，20	0，10， 12，14	0～17	0，6， 9，12， 15，18	11， 14，17	8， 11，14，
	后列	0，11， 14，20	0，12， 14，16	0～20	0，7， 10，13， 16，19	11，14， 17，20	11， 14，17
外形尺寸（长×宽×高）（mm）		2 530× 2 020× 1 345	1 440× 1 510× 960	3 230× 3 616× 900	7 215× 7 900× 1 885（运输 10 500×2 970×215）	5 400× 6 600× 1 600	6 070× 7 250× 1 600
运输间隙（mm）				120	440	>200	>200
整机重量（kg）		320（350）	210	850	2 300	2 200	3 500（装碎土辊4 400）
最大牵引阻力（kN）		5	6	8.5	21	18	20

（续）

名称		20片牵引对置重耙	24片牵引偏置重耙	24片牵引偏置重耙	32片牵引对置重耙	42片牵引对置重耙
型号		PZQ-2.2	BZQ-2.5	PQZ-2.5	1BZD-3.6	1BZD-4.7
耙幅（m）		2.2	2.5	2.5	3.6	4.7
设计耙深（cm）		22	22	22	22	22
耙组数（组）		4	4	4	4	4
耙片数（片）		20	24	24	32	42
耙片尺寸（mm）	直径	650	650	660	660	660
	曲率半径	660	600	910	750	750
	厚度	6	6		5	5
耙片间距（mm）		220	220	230	260	260
耙片形式	前列	缺口	缺口	缺口	缺口	缺口
	后列	缺口	缺口	缺口	缺口	缺口
耙片偏角（°）	前列	0～18	0～20	0，14～19	14，17，20，23	14，17，20，23
	后列	0～18	0～20	0，14～19	17，20，23，26	17，20，23，26
外形尺寸（长×宽×高）（mm）		5 800×2 500×1 200	4 380×2 775×1 200	3 870×2 790×1 250	5 780×3 900×1 240	5 780×5 360×1 240
运输间隙（mm）		135		150	＞200	＞200
整机重量（kg）		1 700	1 200	1 250	2 500	3 880
最大牵引阻力（kN）		15	20	20	30	38

第四节　水田整地灭茬机械

水田整地灭茬是对稻田犁耕、旋耕后的土壤进行进一步的碎土、疏松、平整的作业，要求使土壤松碎起浆、覆盖绿肥和残茬及平整地面，为后续水稻插秧、播种等作业准备条件。水田整地灭茬机具主要包括水田耙、水田驱动耙和水田灭茬整地机等。水田耙是采用星形耙组和轧辊的从动型作业机具，水田驱动耙和水田灭茬整地机是用于水田的驱动型整地机具。水田灭茬整地机除具有土壤松碎起浆功能外，还具有对秸秆、残茬进行旋埋的功能，是近几年发展、推广使用的机具。

一、水田耙

1. 结构形式 如图 2-41 所示，水田耙采用悬挂式，主要由耙组、轧辊和耙架组成。星形耙组、缺口圆盘耙和轧辊是三种常用的工作部件，根据地区和土壤条件的不同，可以组成两列和三列复式耙。星形耙组和轧辊组成的二列耙适用于沙壤土地区，两个星形耙组和轧辊组成的三列耙（图 2-41）适应性较广，在黏壤土地区，前列可替换为缺口耙组。

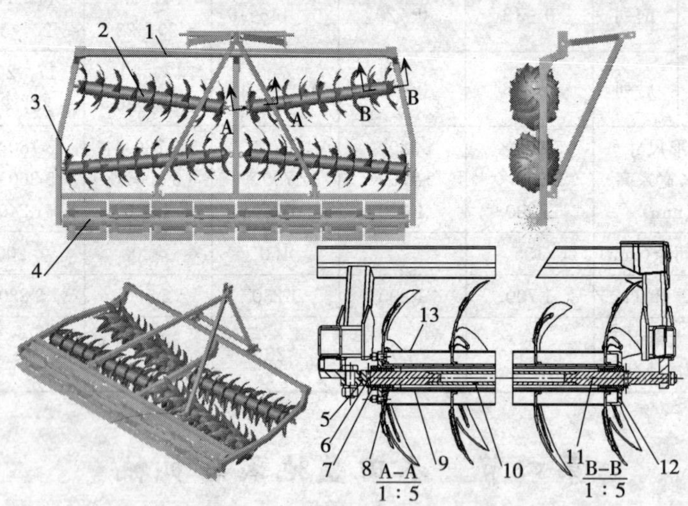

图 2-41 1BS-322 型水田耙

1. 耙架 2. 前星形耙组 3. 后星形耙组 4. 轧辊 5. 中间端轴 6. 轴销 7. 橡胶轴承 8. 轴承座 9. 方轴 10. 耙轴 11. 侧端轴 12. 压盖 13. 间管

系列水田耙采用梯形框架式低耙架，前梁向上略抬起，其余梁位于同一平面并略高于工作部件中心线。这种布置使耙架承受扭矩小，耙组、轧辊与耙架连接紧凑，不易变形，同时，耙片处于耙架内，不易损坏。缺点是耙架的通过性较差。

为了使耙架重量轻且有足够的强度与刚度，采用16Mn矩形钢管焊接而成。与30kW以下拖拉机配套的水田耙，其耙架采用矩形钢管截面尺寸为（长×宽×厚）40 mm×60mm×4mm，与30kW以上拖拉机配套的，矩形钢管截面尺寸为50 mm×70mm×4mm。

耙架设计时所取工作幅宽考虑了要消除拖拉机轮辙，左右相邻两耙组的中间间隙一般为120～150mm，在保证不堵塞的前提下，尽量减小前后耙组、轧辊间的纵向间隙，同时，前后耙组的耙片错开排列。

水田耙的星形耙组和缺口圆盘耙组在安装时都有一定的耙组偏角，其偏角较旱地用圆盘耙要小，一般为5°～15°，后列比前列小，常用5°。为适应不同的作业要求，耙组偏角可调节。

水田耙作业时，一般土壤耙深要求在10～14cm，黏重土壤为14～17cm。为保证入土能力，水田耙每米幅宽具有100～120kg的质量。

2. 主要工作部件

（1）星形耙组　星形耙组结构有可拆式和焊接式两种。焊接式耙组的耙片安装孔为圆形，直接焊在圆管上，结构简单不易松动，但耙片不能更换。可拆式应用较广，耙组由星形耙片、方轴、耙轴、间管、橡胶轴承等组成（图2-41）。方轴是用方形钢管两端与轴承座焊接而成，橡胶轴承嵌装在轴承座内。耙轴是用圆形钢管两端分别与侧端轴、中间端轴焊接。耙片套在方轴上，中间用间管隔开，耙组的一端用4个螺栓将耙片紧固在方轴上，另一端用压盖通过轴销将耙片压紧并与方轴固定。耙片方孔翻出10～14cm的边，以增加耙片与方轴的接触面积。耙轴由橡胶轴承支撑，工作时耙组在耙轴上转动。耙组通过与耙轴两端焊合的侧端轴、中间端轴用螺栓固定在耙架上。

星形耙片的方孔冲成 0°和 15°两种规格，在方轴上安装时，耙齿按螺旋线排列，以使工作平稳，减少冲击（图 2-42）。为保证耙在水平面内的平衡，左右组耙片的螺旋排列方向相反。

图 2-42　星形耙片的螺旋线排列

耙组装配后应满足：耙片在耙组上安装牢固可靠，不得有松动现象；耙片的径向与端面全跳动，在刀刃处测量不大于 7.5mm；耙组的轴向移动不大于 8mm。

（2）耙片　水田耙的耙片有星形耙片和缺口圆盘耙片两种形式（图 2-43）。星形耙片的耙齿数一般为 6 个，星齿刃口长，滑切作用大，切土和碎土能力强。刀刃顶部小，根部大，耙片的星齿部分带有一定凹度，能使表土细碎起浆，并有一定的翻土灭茬作用。星形耙片沿星齿刃口弧面压筋，以增加耙片强度与刚度。星形耙片直径常用的为 ϕ400mm，黏重土壤地区的为 ϕ450mm。

星形耙片在耙组上的安装间距直接影响作业质量，间距大不易堵塞，阻力小，但作业质量差，间距小，阻力加大并易积泥，甚至不能正常工作。在一般土壤中安装间距常用 135～150mm，黏重土壤用 170mm。

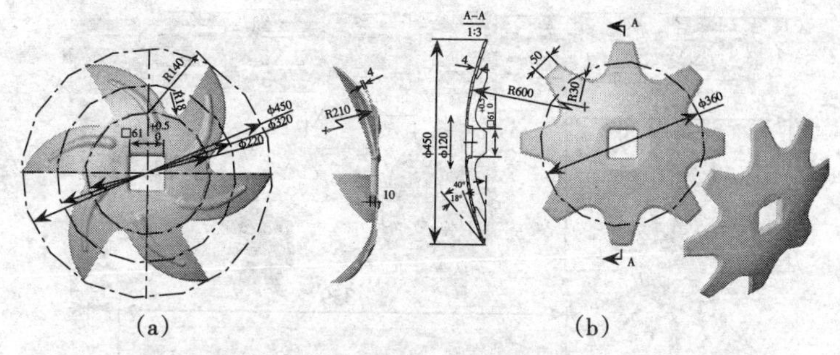

(a)　　　　　　　　　　　　(b)

图 2-43　水田耙的耙片
(a) 星形耙片　(b) 缺口圆盘耙片

星形耙片采用 GB699 规定的 65Mn 钢板压制成型，根部厚度为 4mm，由根部向尖部逐渐减薄，刃口厚度为 0.5～1mm。耙片进行热处理，硬度为 HRC40～48。

缺口圆盘耙片的切土、翻土能力较强，但碎土起浆作用不如星形耙片，阻力也较大，适用于黏重土壤或已排水的稻茬地。缺口耙片的直径为 450mm，曲率半径为 600mm，其他参数与旱田缺口圆盘耙片相同。

由于缺口耙片的翻土能力较强，而滑切性能不如星形耙片，因此，缺口圆盘耙组的耙片间距较星形耙组的大些，以免堵塞。

(3) 轧辊　轧辊的主要作用是灭茬和搅拌泥水，也可碎土与平整田面。轧辊有实心、空心和百叶桨式三种，以适应不同地区的土壤条件。

实心轧辊如图 2-44 所示，采用钢管两端与轴承座焊合，轧片分段焊在滚筒上，相邻两段错开排列，以减少冲击，使轧辊工作平稳。实心轧辊的轧片带有出水孔隙，有利于泥水通过，以减少泥土黏结，减小阻力。由于其有较强的灭茬平整能力和起轧辊浆性能，使用广泛。但因容易堵泥，只适用于一般的土壤。黏土地区可采用空心轧辊（图 2-45a），轧片支撑板与心轴焊接，叶片焊在支撑板上，形成较大的空隙，不易堵塞。在重黏土地区采

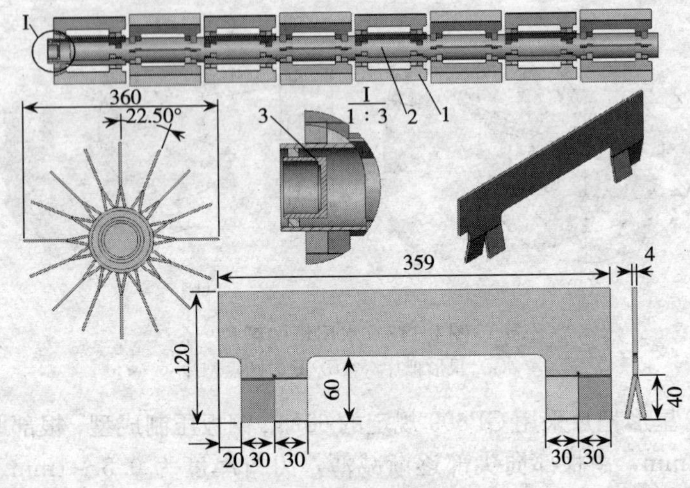

图 2-44　实心轧辊

1. 轧片　2. 滚筒　3. 轴承座焊合

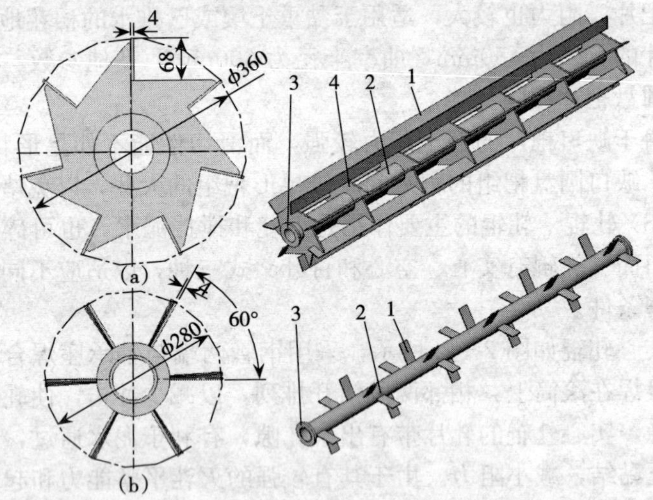

图 2-45　空心与百叶桨式轧辊

(a) 空心轧辊　(b) 百叶桨式轧辊

1. 轧片　2. 滚筒　3. 轴承座焊合　4. 轧片支撑板

用百叶桨轧辊（图 2-45b），其轧片以单头螺旋排列焊接在轴上。系列水田耙所采用的轧辊尺寸见表 2-21。

表 2-21　轧辊的基本尺寸

名　称	实心轧辊		空心轧辊		百叶桨轧辊
直径（mm）	280	360	280	360	280
轧片高度（mm）	89	120	110	150	89
轧片厚度（mm）	4	4	4	4	4
轧片数（片）	6	8	6	7	

轧片材料采用 GB700 规定的 Q235 钢制造，与滚筒焊合时，不得烧穿滚筒，轧片不能突出滚筒端面。

3. 系列水田耙的主要技术参数　系列水田耙的主要技术参数见表 2-22。

表 2-22　系列水田耙的主要技术参数

水田耙型号		1BS-316	1BS-216	1BS-319	1BS-219	1BS-322
配套动力（kW）		14.7～18.4	14.7～18.4	22.1	22.1	22.1～29.4
工作幅宽（m）		1.6	1.6	1.9	1.9	2.2
耙深（cm）		10～14	10～14	10～14	10～14	10～14
工作部件类型	第一列	星形耙组 ϕ400	星形耙组 ϕ400	星形耙组 ϕ400	星形耙组 ϕ400	星形耙组 ϕ400
	第二列	星形耙组 ϕ400	实心轧辊 ϕ360	星形耙组 ϕ400	实心轧辊 ϕ360	星形耙组 ϕ400
	第三列	实心轧辊 ϕ280	无	实心轧辊 ϕ280	无	实心轧辊 ϕ280
耙片间距（mm）		135	135	135	135	135
耙组偏角（°）	第一列	5，10				
	第二列	5				
耙组结构		两端支承可拆式				

（续）

水田耙型号	1BS-316	1BS-216	1BS-319	1BS-219	1BS-322
轴承	内孔为 ϕ30 的整体式耐磨橡胶轴承				
耙架形式	矩形管框架式低耙架				
整机重量（kg）	192	155	222	175	257
外形尺寸（长×宽×高）（mm）	1 800×1 346×907	1 800×995×907	2 060×1 410×995	2 060×1 012×995	2 328×1 470×1 030

水田耙型号		1BS-222	1BS-325	1BS-330	1BS-230	1BSN-325
配套动力（kW）		22.1～29.4	36.8	44.1	44.1	36.8
工作幅宽（m）		2.2	2.5	3.0	3.0	2.5
耙深（cm）		10～14	10～14	12～16	12～16	14～17
工作部件类型	第一列	星形或缺口耙组 ϕ400	星形耙组 ϕ400	星形耙组 ϕ450	星形耙组 ϕ450	缺口耙组 ϕ450
	第二列	实心或空心轧辊 ϕ360	星形耙组 ϕ400	星形耙组 ϕ450	实心轧辊 ϕ360	星形耙组 ϕ450
	第三列	无	实心轧辊 ϕ280	实心轧辊 ϕ280	无	百叶桨轧辊 ϕ280
耙片间距（mm）		135	135	150	150	170
耙组偏角（°）	第一列	5，10				
	第二列	5				
耙组结构		两端支承可拆式				
轴承		内孔为 ϕ30 的整体式耐磨橡胶轴承				
耙架形式		矩形管框架式低耙架				
整机重量（kg）		195	273			300
外形尺寸（长×宽×高）（mm）		2 335×1 125×1 030	2 570×1 500×912	3 220×1 915×1 226	3 220×1 462×1 220	2 590×1 626×1 045

二、水田驱动耙

1. 结构形式　如图 2-46 所示，由左主梁、中间齿轮箱、右主梁、右侧板、罩壳、拖板、悬挂架、侧传动箱、耥板、耙滚等零部件组装而成。由拖拉机动力输出轴驱动，主要工作部件为齿板型耙滚和耥板，用于旋转切削破碎土块和耥平表面土壤。水田驱动耙与一般非驱动水田耙比较有显著优点：一是提高了耙地的作用质量，特别是改善了碎土和起浆性能，一次作业质量相当于一般水田耙耙两遍以上的质量，碎土率可达 70%～80%。耙得细烂，表层松软，土肥混合均匀，禾苗返青快，增产效果明显；二是效率高，减少拖拉机田间的行走次数，省油耗；三是适应性强，能适应各种水田土壤的耙田和轧田（灭茬和搅拌泥水）作业，尤其在黏重土壤中作业效果更佳；四是耥板具有很好的平地

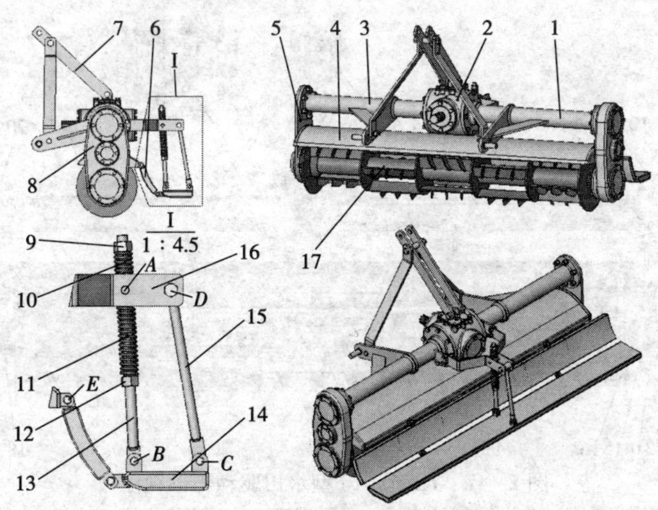

图 2-46　1BSQ-16 型水田驱动耙

1. 左主梁　2. 中间齿轮箱　3. 右主梁　4. 罩壳　5. 右侧板　6. 拖板　7. 悬挂架　8. 侧传动箱　9. 调整螺母　10. 短弹簧　11. 长弹簧　12. 下螺母　13. 调节杆　14. 耥板　15. 支撑杆　16. 后支架　17. 耙滚

作用，耙后一般不需畜力耖耥即可插秧。

水田驱动耙的耙滚幅宽大于配套拖拉机的宽度，能消除轮辙，采用正配置。耥板宽度超出侧传动箱和右侧板外缘 3～5cm，以保证耙后地表平整不出现沟垄，能消除耙幅间垄堆。

罩壳和拖板除了一般的防护作用外，用以遮挡耙滚抛出的土块和泥水，改善劳动条件。罩壳和拖板制成圆弧形，使土块能顺利通过。拖板上端装有弹簧使其对耙后地表起平整作用，便于耥板进一步耥平。

水田驱动耙所需功率主要消耗在工作部件耙滚上，用于切削、破碎和抛掷土块，耥板功耗很小。

2. 传动装置 如图 2-47 所示。中间齿轮箱为一级圆锥齿轮减速传动，作用是将拖拉机输出动力改变方向并传递给侧传动

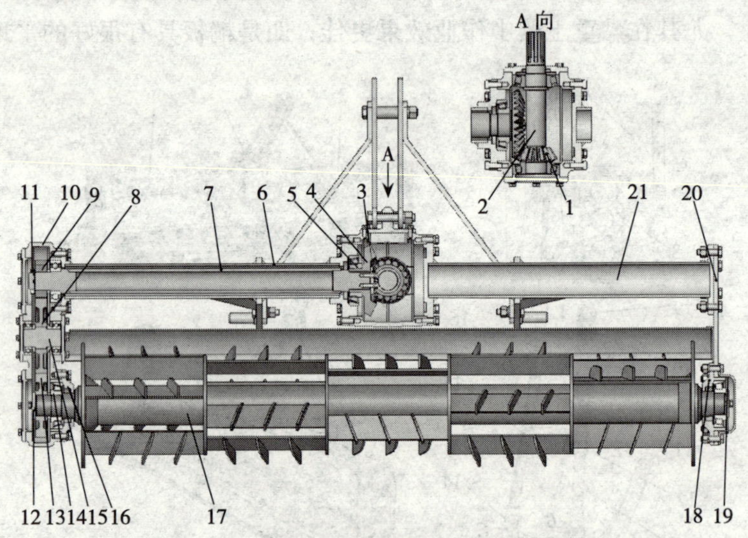

图 2-47　1BSQ-16 型水田驱动耙剖视图

1. 小锥齿轮（16 齿）　2. 输入轴　3. 轴端压板　4. 大锥齿轮（30 齿）　5. 单列圆锥滚子轴承　6. 左主梁　7. 主传动轴　8. 齿轮 2(35 齿)　9. 齿轮 1(18 齿)　10. 侧传动箱体　11. 圆螺母　12. 耙滚轴端压板　13. 齿轮 3（28 齿）　14. 单列圆锥滚子轴承　15. 中间轴　16. 左端轴承座　17. 耙滚　18. 右端轴承座　19. 端盖　20. 右侧板　21. 右主梁

箱。根据齿轮啮合关系输入轴采用从前向后由大到小的阶梯花键轴，两个同规格型号的圆锥滚子轴承“面对面”安装，两端固定。小锥齿轮安装在输入轴后端小轴颈上（为一对花键副），后端轴承内径与小锥齿轮轴孔外径配合，两端端盖分别顶在两个圆锥轴承的外径端面上，进行轴向固定，用垫片调整齿轮啮合间隙。这样的安装方式使得结构紧凑，刚性好，方便装配、调整，由于齿轮箱体两端的轴承孔大小一样，便于一次性镗孔加工。同样，中间齿轮箱体左右两侧采用了大孔镗孔加工。为了减轻重量，主传动轴是空心焊合件，左主梁也是钢管两端分别与轴承座焊接的焊合件，右端轴承座内嵌装有圆锥轴承，轴承内径与大锥齿轮轴孔外径配合，大锥齿轮安装在主传动轴右端轴颈上，齿轮右端面用轴端压板和两个螺栓与主传动轴轴端连接压紧。由于中间齿轮箱体左右两侧孔大于大锥齿轮大端直径，大锥齿轮可伸入箱体与小锥齿轮啮合，左主梁右端轴承座用 6～8 个螺栓与箱体连接，用垫片调整齿轮啮合间隙。主传动轴左端轴承座内嵌装有深沟球轴承，轴承内径与主传动轴左端轴颈配合，通过轴套、齿轮 1 用圆螺母进行轴向固定，左主梁左端轴承座用 6～8 个螺栓与侧传动箱体连接。这种轴承的“固游”式装配在长轴距轴承安装时是经常采用的方法，使固定可靠，大锥齿轮安装、调整方便，允许传动轴有少许的伸缩，避免由温度变化引起的装配应力。

侧传动箱是三个圆柱齿轮啮合的减速传动，又是水田驱动耙机架的组成部分。耙滚的左端轴通过左端轴承座、圆锥轴承、耙滚轴端压板与齿轮 3 装配并固定。耙滚的另一端通过右端轴承座、圆锥轴承与右侧板连接，右侧板的上端经右主梁与中间齿轮箱体右侧固定。

水田驱动耙的动力传递路线是：拖拉机输出动力通过万向节传动轴、输入轴经中间齿轮箱一级圆锥齿轮副减速并改变方向，经主传动轴传递至侧传动箱再次减速后传递给耙滚，驱动耙滚正向旋转（与拖拉机驱动轮转向相同）进行作业。

中间齿轮箱除上述结构形式外，还有带变速圆柱齿轮的形式，虽然结构较复杂，但使用者可根据拖拉机动力输出轴的转速，通过交换主、被动齿轮或更换另一对圆柱齿轮得到所需要的刀辊转速，能较好地满足使用要求。

水田驱动耙还有采用侧边链传动的结构形式。链传动的主要优点是结构相对简单，耗材较少，加工工艺要求较低，故制造成本较低。为了保证链传动的可靠性，需选用优质长寿命的链条。

中间锥齿轮箱体和侧传动箱体采用 QT450-10 球墨铸铁作为材料，以保证足够的强度与刚度。锥齿轮和圆柱齿轮采用 20CrMnTi 或 25MnTiBXt（锰钛硼稀土）为材料，表面渗碳处理，深度为 0.8～1.2mm，齿轮表面硬度 HRC58～63，芯部硬度 HRC30～45。大小链轮采用 45 号钢，表面淬火处理，硬度 HRC45～50。花键孔不得淬火。

水田驱动耙采用侧边传动作业时不漏耙，质量好，地表平整，但耙幅过大时整机刚性较差。对于大型水田驱动耙有采用中间传动的结构形式。结构特点是中间齿轮箱布局紧凑合理，传动路径短，以其为核心部件对称装配的机架，刚性较强。耙滚分左右两段安装在齿轮箱两侧，为了不漏耙，在齿轮箱的中间部位设置了专用工作部件。

3. 耙滚 耙滚是水田驱动耙作业质量好坏的关键性部件，刀齿式耙滚如图 2-48 所示。由端盘、齿板、刀齿、隔盘和心轴等件焊合而成。刀齿焊在齿板工作面上，作业时刀齿先将土垡横向切开，然后由齿板纵向切削土垡，搅拌后将其抛出，达到碎土、起浆和灭茬覆盖的目的。

影响耙地质量的主要因素有耙滚转速、前进速度、耙滚直径、齿板宽度、齿板倾角、齿板数及刀齿刃口形状。一般水田驱动耙的耙滚转速为 200～250r/min，前进速度为 3～5km/h，低速用于细耙，高速用于粗耙。

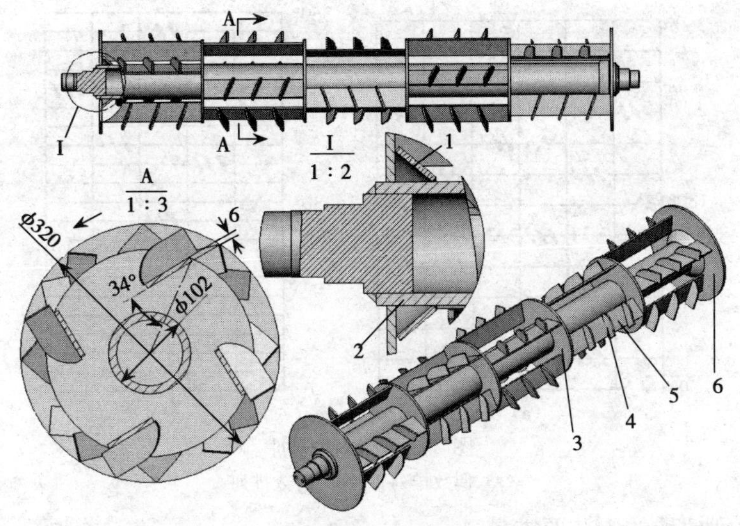

图 2-48　耙　滚

1. 锥形加强筋　2. 心轴　3. 隔盘　4. 刀齿　5. 齿板　6. 端盘

耙滚直径 32～40cm，齿板宽度 68～92mm，齿板数 4～6 个。

齿板倾角是指齿板与齿板外端径向线的夹角（图 2-48），采用后倾角的安装形式，角度为 26°～45°。

一块齿板的工作面上焊接三个刀齿，横向切碎土垡。刀齿刃口形状需满足在各种土壤、稻茬或残株的水稻田中作业时具有较好的滑切性能。刀齿刃口曲线采用偏心圆弧。刀齿用 5mm 厚的 45 号钢板制造。

耙滚在旋转切削土垡时，为保证负荷比较均匀，工作平稳，不发生偏牵引，齿板在耙滚圆周上位置尽量采用左右对称排列。当耙滚齿板为偶数段时采用图 2-49a 排列，奇数段时采用图 2-49b 排列。

4. 耥板　耥平是插秧前整地作业的最后一道工序，耙滚破碎后的土块形成凹凸不平的地表，必须耖、耥后才能插秧。为此，在驱动耙滚的后面配置耥板（图 2-46），用于耥平田面，以

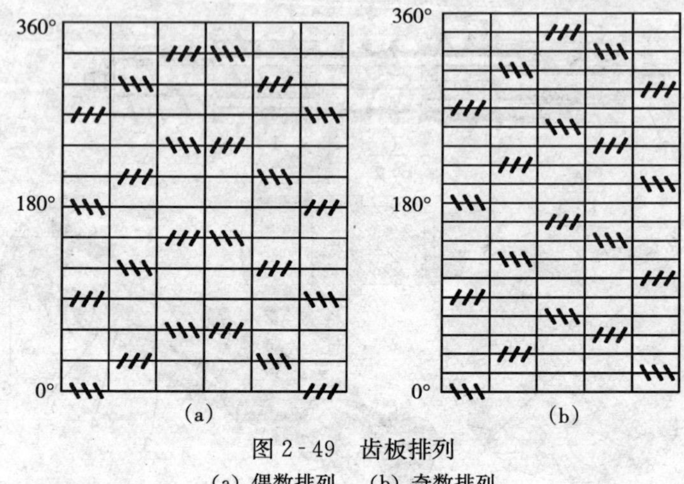

图 2-49　齿板排列
（a）偶数排列　（b）奇数排列

达到插秧的农艺要求。

耙滚耙后的表层土壤已很溶烂，承压能力很小，耥板要在表面层能起到耥平的目的，必须具有一定的接触面积和浮力，因此，耥板的横向长度须超出侧边箱体及右侧板外缘。耥板制成空心的长方体，为了减小前进方向的阻力，前端为圆弧形。

耥板与拖板纵向间有 30～35mm 的间隙，作业时一部分泥水从此流过，以减少耙滚的赶水壅土现象。

耥板调节机构采用不等边的四连杆机构 *EBCD*（图 2-46），以罩壳和机架作为二铰接点（*E*、*D*），拖板和耥板作为二杆（*EB*、*BC*），并用调节杆 *AB* 调节耥板在作业时的位置与压力。作业时，拖板和耥板的前进方向土块数量变化时，耥板（*BC*）就克服弹簧压力，使 *AB* 杆向上或向下窜动，并使拖板（*EB*）摆动。这时耥板的运动总是前端向上，后端水平或略低于前端，从而保证耥板在土层表面顺利通过，减少前进方向阻力，达到耥平的目的。*AB* 杆上装有上、下两个弹簧。下弹簧是为了调节拖板压力，压平土块。上弹簧是为了克服水田驱动耙在运输时拖板、耥板的冲击振动。

5. 水田驱动耙的主要技术参数　水田驱动耙系列的技术参数见表 2-23、表 2-24。

表 2-23　水田驱动耙系列技术参数

型号		1BSQ-14 1BSQL-14	1BSQ-16 1BSQL-16	1BSQ-18 1BSQL-18	1BSQ-23 1BSQL-23	1BSQ-26 1BSQL-26	1BSQ-21 1BSQNL-21
配套拖拉机	功率（kW）	13.2	14.7 或（18.4）	22	29.4 或（25.7）	36.8 或（33.1）	29.4
	速度（km/h）	3～5	3～5	3～5	3～5	3～5	3～5
	动力输出轴转速（r/min）	740	536	565	737（720）	737	737
工作幅宽（m）		1.4	1.6	1.8	2.3	2.6	2.1
耙深（cm）		10～14	10～14	10～14	10～14	10～14	14～17
工作部件	耙滚形式	刀齿式	刀齿式	刀齿式	刀齿式	刀齿式	刀齿式
	耙滚直径（mm）	340	340	360	360	380	380
	齿板倾角（°）	30（后倾）	30（后倾）	30（后倾）	30（后倾）	30（后倾）	30（后倾）
	耙滚转速（r/min）	220～250	220～250	220～250	220～250	220～250	220～250
	耥板外形尺寸（长×宽×高）（mm）	177×1 628×30	177×1 810×30	200×2 050×40	200×2 538×40	200×2 856×40	200×2 358×40
传动系统	一级圆锥齿轮	$Z_1=16$ $Z_2=30$	$Z_1=16$ $Z_2=30$	$Z_1=17$ $Z_2=30$	$Z_1=12$ $Z_2=25$	$Z_1=14$ $Z_2=30$	$Z_1=14$ $Z_2=30$
	二级圆柱齿轮	$Z_3=18$ $Z_4=35$ $Z_5=28$	$Z_3=18$ $Z_4=35$ $Z_5=28$	$Z_3=20$ $Z_4=33$ $Z_5=27$	$Z_3=20$ $Z_4=33$ $Z_5=27$	$Z_3=20$ $Z_4=37$ $Z_5=28$	$Z_3=20$ $Z_4=37$ $Z_5=28$
	或二级链轮	$Z_3'=12$ $Z_5'=18$	$Z_3'=12$ $Z_5'=18$	$Z_3'=12$ $Z_5'=18$	$Z_3'=12$ $Z_5'=18$	$Z_3'=12$ $Z_5'=18$	$Z_3'=12$ $Z_5'=18$

（续）

型号	1BSQ-14 1BSQL-14	1BSQ-16 1BSQL-16	1BSQ-18 1BSQL-18	1BSQ-23 1BSQL-23	1BSQ-26 1BSQL-26	1BSQ-21 1BSQNL-21
整机重量(kg)	179.8	215.6	235.2	274.4	331.2	267.5
外形尺寸 （长×宽×高） （mm）	850× 1 628× 935	815× 1 810× 935	846× 2 050× 974	898× 2 538× 1 125	1 040× 2 858× 1 067	1 040× 2 356× 1 067

表 2-24　水田驱动耙（企业系列产品）主要技术参数

型号		1BSQN -140	1BSQN -150	1BSQN -180	1BSQN -200	1BSQN -230	1BSQN -250	1BSQN -300
耕幅（cm）		140	150	180	200	230	250	300
耕 深（cm）		≥6						
刀片形式		齿板式耙滚						
耙滚组 数量（组）		4				6	8	
与拖拉机连 接形式		三点悬挂连接						
拖拉机	功率 （kW）	14.7～18.4		18.4～ 22.1	22.1～ 29.4	29.4～ 36.8	36.8～ 47.8	47.8～ 58. 8
	动力输出 轴转速 （r/min）	730/540				540/720		
刀滚转速 （r/min）		227/251				232/267		
作业速度 （km/h）		2～5						
整机重量 （kg）		235	247	260	271	290	425	470
外形尺寸 （长×宽×高） （cm）		987× 1 620× 980	987× 1 820× 980	987× 2 020× 980	987× 2 220× 980	1 156× 2 440× 1 085	1 156× 2 770× 1 085	1 156× 3 270× 1 085
齿轮油加油量 （kg）		中间齿轮箱≥6.5						

三、水田碎土搅浆平地机

水田碎土搅浆平地机是近年来发展的水田整地机械，用于水稻田灌水浸泡后的碎土、搅浆、灭茬和平整地作业。功能上与水田驱动耙相近，主要区别在于：对土块的破碎和起浆能力更强；对秸秆等残茬进行旋埋；对地表的平整作用更好，为水稻插秧创造更好的条件。水田碎土搅浆平地机在结构上与旋耕机相似，拖拉机的动力通过万向节传动轴传递到变速箱，经由齿轮传动系统驱动水平刀轴旋转作业。与旋耕机主要区别，一是采用了新型刀齿，增强了对水田土壤的搅拌成浆和对秸秆等残茬的旋埋作用；二是机具后部有带捞浆齿的弹性浮动拖板，具有良好的平地捞浆效果。

水田碎土搅浆平地机的主要技术参数见表 2-25、表 2-26。

表 2-25　水田碎土搅浆平地机（企业系列产品）主要技术参数

型　号	1JPN-200	1JPN-240	1JPN-260	1JPN-280	1JPN-300	1JPN-200
配套动力（kW）	22.1～25.7	29.4～33.1	36.8	47.8	51.5	52.9
工作幅宽（m）	2.0	2.4	2.6	2.8	3.0	3.3
工作深度（cm）	15～20	15～20	15～20	15～20	15～20	15～20
刀辊回转半径（mm）	195	195	195	195	195	195
动力输出轴转速（r/min）	540，720	540，720	540，720	540	540	540
刀轴转速（r/min）	227，302	227，302	227，302	227	227	227
刀数量（把）	48	60	68	72	76	84
刀形式	弧形刀	弧形刀	弧形刀	弧形刀	弧形刀	弧形刀
传动形式	中间全齿轮传动	中间全齿轮传动	中间全齿轮传动	中间全齿轮传动	中间全齿轮传动	中间全齿轮传动
整机重量（kg）	320	340	360	485	515	545
作业速度（km/h）	1.5～3.0	1.5～3.0	1.5～3.0	1.5～3.0	1.5～3.0	1.5～3.0

表 2-26 水田起浆机（企业系列产品）主要技术参数

<table>
<tr><td colspan="2">型号</td><td colspan="2">1BPQ-140</td><td colspan="2">1BPQ-160</td><td colspan="2">1BPQ-180</td><td colspan="2">1BPQ-200</td><td colspan="2">1BPQ-230</td><td colspan="2">1BPQ-250</td></tr>
<tr><td colspan="2">耕幅（cm）</td><td colspan="2">140</td><td colspan="2">160</td><td colspan="2">180</td><td colspan="2">200</td><td colspan="2">230</td><td colspan="2">250</td></tr>
<tr><td colspan="2">耕深（cm）</td><td colspan="12">≥8</td></tr>
<tr><td colspan="2">刀片形式</td><td colspan="12">耙浆刀</td></tr>
<tr><td colspan="2">刀片数量（把）</td><td colspan="2">32</td><td colspan="2">36</td><td colspan="2">40</td><td colspan="2">48</td><td colspan="2">56</td><td colspan="2">64</td></tr>
<tr><td colspan="2">与拖拉机连接形式</td><td colspan="12">三点悬挂连接</td></tr>
<tr><td rowspan="2">拖拉机</td><td>功率（kW）</td><td colspan="2">13.24～14.7</td><td colspan="2">14.7～18.4</td><td colspan="2">18.4～22.1</td><td colspan="2">22.1～29.4</td><td colspan="2">29.4～36.8</td><td colspan="2">36.8～47.8</td></tr>
<tr><td>动力输出轴转速（r/min）</td><td>540</td><td>730</td><td>540</td><td>730</td><td>540</td><td>730</td><td>540</td><td>730</td><td>540</td><td>720</td><td>540</td><td>720</td></tr>
<tr><td colspan="2">刀滚转速（r/min）</td><td colspan="6">227/251</td><td colspan="6">232/267</td></tr>
<tr><td colspan="2">作业速度（km/h）</td><td colspan="12">2～5</td></tr>
<tr><td colspan="2">外形尺寸（长×宽×高）（cm）</td><td colspan="2">987×1 620×980</td><td colspan="2">987×1 820×980</td><td colspan="2">987×2 020×980</td><td colspan="2">987×2 220×980</td><td colspan="2">1 156×2 570×1 085</td><td colspan="2">1 156×2 770×1 085</td></tr>
<tr><td colspan="2">齿轮油加油量（kg）</td><td colspan="12">中间齿轮箱≥6.5</td></tr>
</table>

四、水稻高留茬还田整地机

水稻高留茬还田整地机又称水田搅浆灭茬机，是用于水稻田灌水浸泡后的碎土、搅浆、灭高茬和平整地作业的机具。该产品在功能和结构上与水田碎土搅浆平地机相近，主要区别是高留茬还田整地机采用了新型刀（单柄双翼刀）以及刀在刀轴上的排列方式。该机可将30～40mm的水稻高茬切压到泥浆中，一般作业两次可使地表达到水稻插秧和直播的要求。

水稻高留茬还田整地机主要技术参数见表 2-27。

表 2-27　悬挂式水稻高留茬还田整地机（企业系列产品）主要参数

型号	1ZSJC-200	1ZSJC-220	1ZSJC-240	1ZSJC-260	1ZSJC-280	1ZSJC-320
配套动力（kW）	20.6～22.1	25.7～29.4	25.7～29.4	36.8～47.8	36.8～47.8	47.8～51.5
工作幅宽（m）	2.0	2.2	2.4	2.6	2.8	3.2
适用于最大留茬高度（cm）	40	40	40	40	40	40
工作深度（cm）	12～20	12～20	12～20	12～20	12～20	12～20
拖拉机动力输出轴转速（r/min）	540，720	540，720	540，720	540，720	540，720	540，720
刀轴转速（r/min）（拖拉机动力输出轴转速 540r/min）	200～240	200～240	200～240	200～240	200～240	200～240
刀形式	单柄双翼刀	单柄双翼刀	单柄双翼刀	单柄双翼刀	单柄双翼刀	单柄双翼刀
传动形式	中间全齿轮传动	中间全齿轮传动	中间全齿轮传动	中间全齿轮传动	中间全齿轮传动	中间全齿轮传动
整机重量（kg）	284	301	318	335	352	386
作业速度（km/h）	1.5～3.0	1.5～3.0	1.5～3.0	1.5～3.0	1.5～3.0	1.5～3.0

第三章

典型地表秸秆整备机具的正确使用

第一节 秸秆（根茬）粉碎还田机

一、安装与检查

1. 粉碎部件的安装

（1）秸秆粉碎还田机粉碎部件的安装　粉碎部件的形式有多种，有锤爪、L型、I型、L/I型等，需按农艺要求进行选用。粉碎部件刀轴总成（含粉碎部件）在出厂前已进行了动平衡试验，合格后才允许出厂，使用时或使用中不得任意增加或减少粉碎部件。

（2）根茬粉碎还田机灭茬刀片、旋耕弯刀的安装

①常用灭茬刀片的安装　根茬粉碎还田机的灭茬刀片为L型短刀，其刃口面向旋转方向，保证刃口碎茬；灭茬方式有整幅灭茬（有的用户地面残留的秸秆较多，需整幅宽灭茬）和垄上灭茬（适用于起垄种植地区）两种；安装灭茬刀片的数量有多有少，有的在一个灭茬刀轴的刀盘上安装4把（左、右各2把），有的6把（左右各3把）。灭茬刀片的排列有人字形排列和螺旋线排列，如图3-1示。

人字形灭茬刀片排列见图3-1a，除第1个和第16个灭茬刀

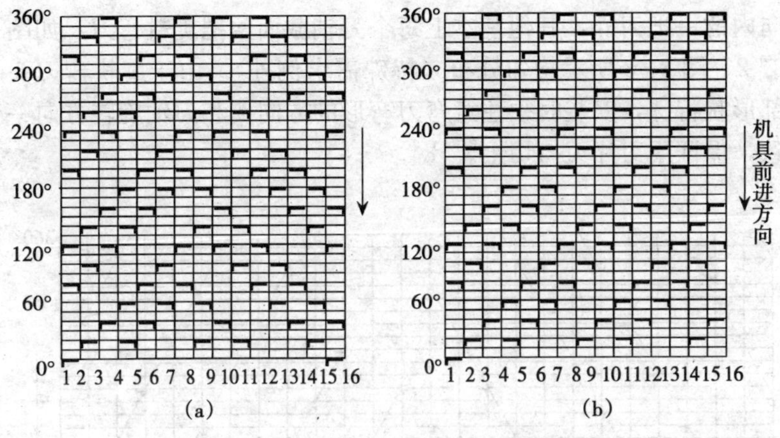

图 3-1　灭茬刀排列示意图
(a) 人字形排列　(b) 螺旋线排列

盘，分别安装左或右向内的 3 把灭茬刀片外，其他各灭茬刀盘均安装 6 把灭茬刀片，灭茬刀片呈人字形由中间向左右两侧排列，为整耕幅灭茬。

螺旋线灭茬刀片排列见图 3-1b，除第 1 个和第 16 个灭茬刀盘，分别安装左或右向内的 3 把灭茬刀片外，其他各灭茬刀盘均安装 6 把灭茬刀片，灭茬刀片呈螺旋线由一端向另一端均匀旋转，为整耕幅灭茬。

如需要排列垄上灭茬的灭茬刀片，可按垄距和灭茬所需的单垄灭茬幅宽，调整灭茬刀片的安装数量或出厂前直接按需求焊接灭茬刀轴上的灭茬刀盘，实现垄上灭茬，这样可减少拖拉机的功率消耗和机具的作业负荷，不但能节约成本，还能提高机具的工作效率。

②常用旋耕弯刀的安装　旋耕弯刀有两种排列方式，即人字形排列和螺旋线排列。按机具传动方式的不同又有通轴排列（用于侧传动方式的机具）和分左、右刀轴排列（一般用在中间齿轮

传动方式的机具）两种。旋耕弯刀除左、右最边的两个截面安装向内的一把刀外，其他基本上每个刀轴截面两把旋耕弯刀，如图3-2、图3-3所示均匀分布（特殊需求例外）。由于旋耕弯刀头部形状特殊，安装时须注意弯刀弯形的方向要和刀轴旋转方向一致，保证用刀片刃口切土。

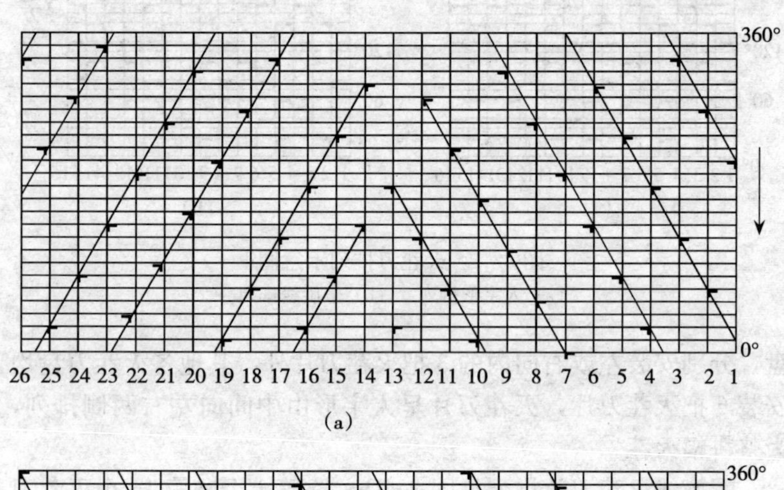

(a)

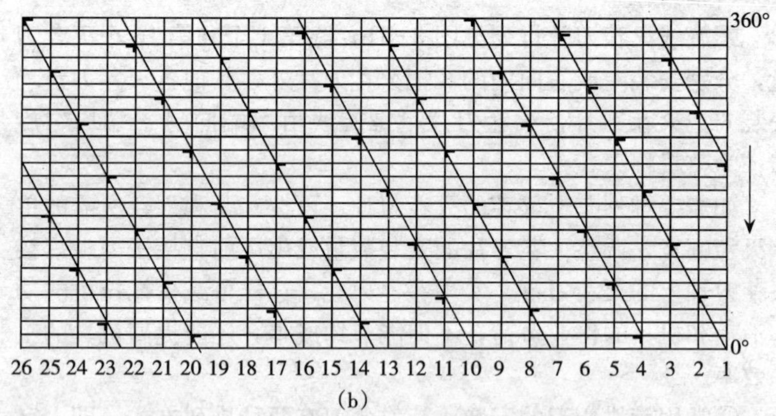

(b)

图3-2 通轴排列的旋耕刀座排列示意图

(a) 人字形排列　(b) 螺旋线排列

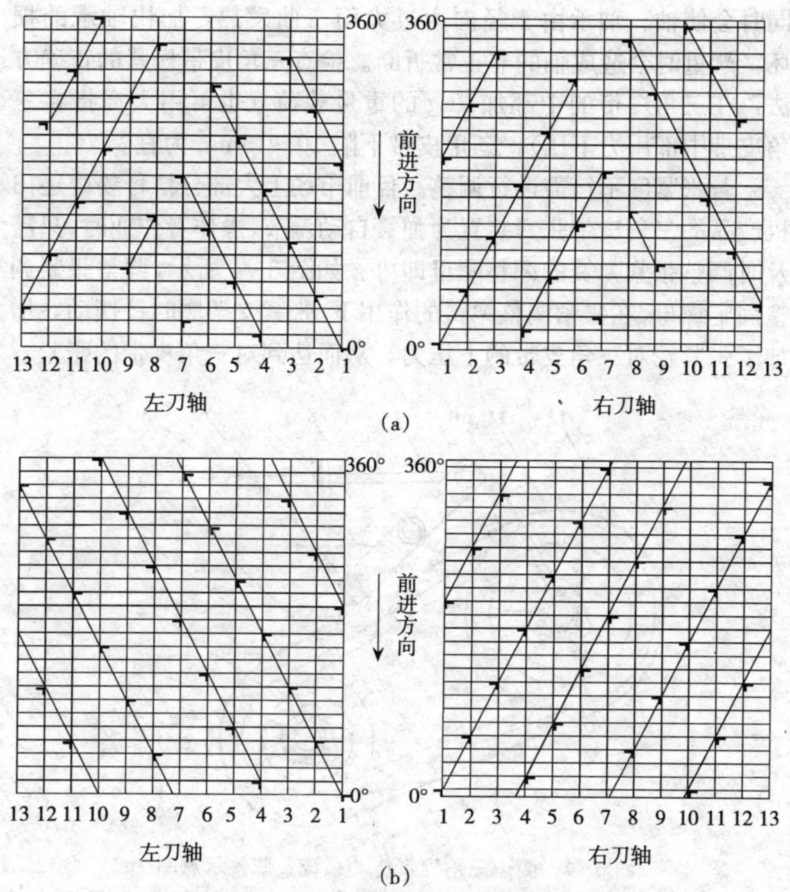

图 3-3　分左右刀轴的旋耕刀座排列示意图
(a) 人字形排列　(b) 螺旋线排列

2. 三角皮带的安装　三角皮带安装时，主动皮带轮、从动皮带轮的轴线应保持平行，轮槽必须在同一平面内，不得扭曲。三角皮带的张紧度要符合要求，过松会产生严重的打滑现象，降低传动效率，影响作业质量，还会使三角皮带发热迅速磨损甚至烧坏；过紧则三角皮带严重变形，会缩短三角皮带的使用寿命，同时会使轴、轴承由于径向力过大而弯曲发热，加快轴承的损坏，严重时会造成轴的非正常折断。检查三角皮带松紧的正确方法：在三角皮带的中部加 2kg 的重量载荷（也可用大拇指在三角皮带中部用力下压），三角皮带下陷 10～15mm 为宜。

若张紧度不符需进行调整。目前市场上大部分秸秆粉碎还田机产品的三角皮带张紧装置为弹簧自动调节，操作者作业时，只需及时调整张紧弹簧的调整螺母即可。如图 3-4 所示，调整张紧调整固定螺母，在张紧调整弹簧的作用下，张紧支架顺时针摆动，增加了张紧轮对三角皮带的下压力，从而达到对三角皮带的张紧。

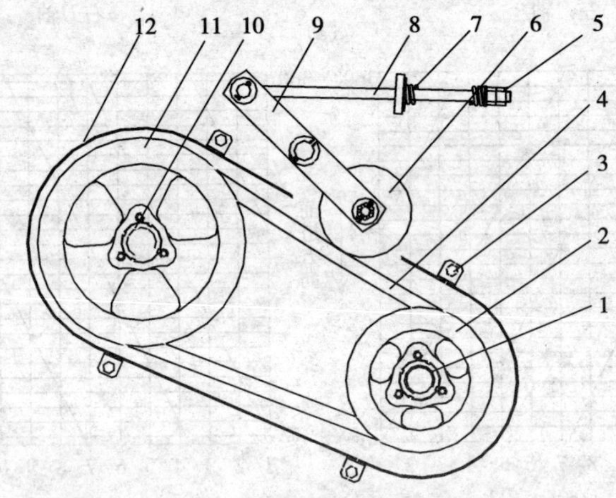

图 3-4　侧边三角皮带传动系统及调整示意图

1. 锁紧螺母　2. 下皮带轮　3. 罩壳紧定螺栓　4. 三角皮带　5. 张紧调整固定螺母　6. 张紧轮　7. 张紧调整弹簧　8. 张紧调整杆　9. 张紧支架　10. 锁紧螺母　11. 上皮带轮　12. 皮带罩壳

同组三角皮带的长度、张紧度要基本一致，磨损严重时要整组更换相同规格型号的三角皮带，否则由于新旧不同，长短不一使三角皮带所受载荷不均匀，引起振动，传动不平稳，降低三角皮带传动的工作效率，并缩短其使用寿命。

3. 安全帘的安装　安全帘装在秸秆粉碎还田机的前下部，

秸秆的喂入口处，以防作业中刀轴高速旋转引起秸秆或土块飞溅伤人。先将安全帘安装轴插入罩壳焊合的一端，依次穿上安全帘，穿出罩壳焊合的另一端，再在两端垫上平垫圈，插好开口销，固定即可。

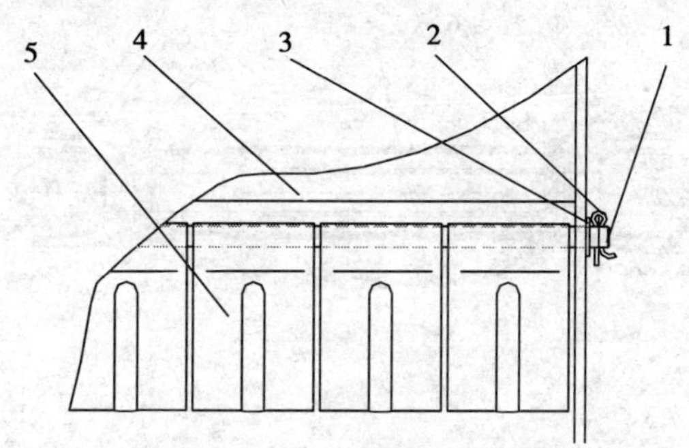

图 3-5　安全帘的安装

1. 安全帘安装轴　2. 开口销　3. 平垫圈　4. 罩壳焊合　5. 安全帘

4. 与拖拉机的挂接　首先拆去拖拉机牵引挂钩，卸下动力输出轴盖及秸秆（根茬）粉碎还田机输入轴帽，然后将相连花键部分及传动轴方轴结合部分涂上油脂，以便安装。

秸秆（根茬）粉碎还田机停放在比较平坦的地方，将拖拉机对准秸秆（根茬）粉碎还田机悬挂架中部慢慢倒退，同时提升拖拉机悬挂下拉杆与还田机悬挂接板高度基本一致，当拖拉机下拉杆销孔与还田机悬挂接板销孔重合时停下，将连接销轴插入，同时用锁销将连接销轴锁好。如果拖拉机悬挂为内置油缸式，可先装左侧悬挂拉杆，再装右边悬挂拉杆，因为右悬挂拉杆有丝杆可调节长短。

安装传动轴。将方轴节叉一端与拖拉机后输出轴相连，同时插上锁销，用开口销锁好，然后将方管套入方轴，套入时要保持方轴节叉平面与方管节叉平面在同一平面，同时将方管节叉与还田机输入轴相连并插上锁销用开口销锁好。

安装万向节传动轴时应注意：

①方轴节叉与方管节叉的开口必须装在同一平面上（图 3-6）。若方向装错会引起还田机运转振动，产生异响，严重时将损坏十字轴承等部件。

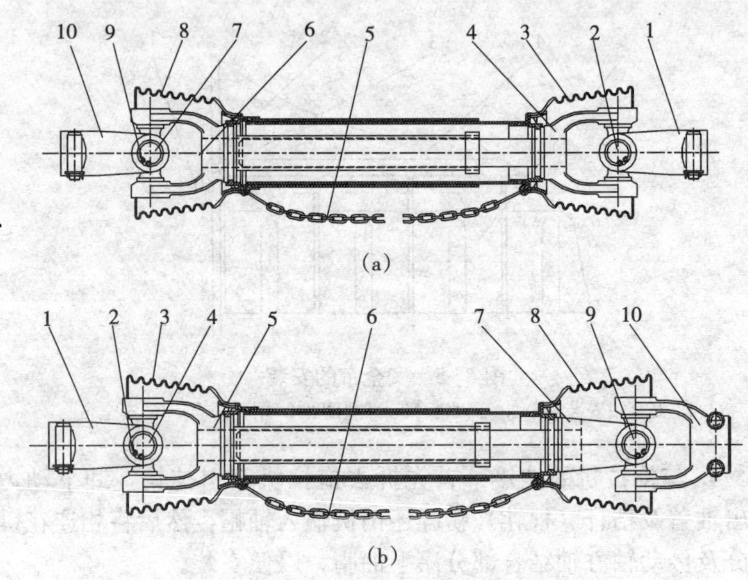

图 3-6　万向节传动轴安装示意图

(a) 正确安装　　(b) 错误安装

1. 花键节叉　2. 十字轴　3. 方轴节叉焊合保护套　4. 方轴节叉焊合　5. 链条　6. 方管节叉焊合　7. 十字轴　8. 方管节叉焊合保护套　9. 孔用挡圈　10. 花键节叉

②花键活动节叉要用锁销可靠地锁在花键轴上，避免拖拉机高速运转时甩出，造成机具和人身伤害（图 3-7）。

③传动轴传递扭矩较大，因此作业时，方轴与方管要有足够的配合长度，一般不低于 150mm，长度过短，在传动时，不能保证相应的强度，容易损坏方轴及方管，扭坏花键节叉，甚至将损坏的方管、方轴或节叉的零部件甩出，造成机具损坏或人员意外伤害，但长度过长，在运动时容易顶死万向节传动轴，造成机

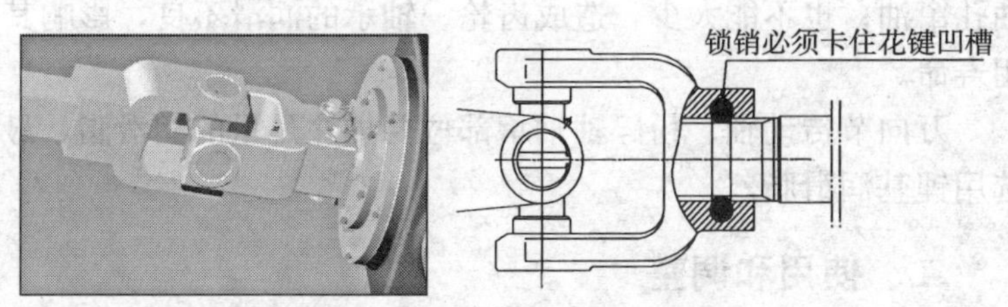

图 3-7　花键活节叉锁销示意图

具或拖拉机零部件损坏。要保证作业时方轴与方管传动灵活，伸缩自如，不得有卡滞现象，既不能顶死，也不能脱开。生产厂家对传动轴配备都有详细说明，购机时可向经销商了解清楚。以免损坏传动轴或机具。

④万向节传动轴在工作状态时，严禁与其他零件相互碰撞，以免发生意外。如有碰撞必需排除方能作业。

⑤将拖拉机中间拉杆与还田机上拉杆用连接销连接好并插上锁销，还田机上拉杆有两个连接销孔，可根据拖拉机中间拉杆长度选择。

5. 与联合收获机的连接　这类还田机的连接比较简单，联合收获机厂家已设计好各连接点的位置，用户按位置要求连接即可，需要注意的是：连接销的连接要可靠到位；相互传动的三角皮带轮轮槽要一致，轴线要平行；联合收获机工作时振动较大，因此各连接部位的紧固件要紧固，并有可靠的防松措施。

6. 紧固件检查　检查还田机各部位的紧固件，用扳手将各部位的螺栓、螺母拧紧一遍，尤其是运转部位的螺栓、螺母必须拧紧。

7. 润滑情况检查　还田机箱体内要加注足量的合格齿轮油，一般厂家生产的还田机箱体上铸有油量标识，操作者可按要求加注，没有油量标识的，加注齿轮油面到大锥齿轮直径下方的 1/3 处为合适。注意，齿轮油不能加得过多，否则箱体温升很高，排油孔窜油；也不能太少，造成齿轮、轴承的润滑不良，影响其使用寿命。

万向节传动轴、粉碎轴轴承部位要加注足量的润滑脂，最好选用锂基润滑脂。

二、使用和调整

1. 机具水平调整

（1）左右水平的调整　将悬挂了还田机的机组停放于平地上，将机具提升一定高度，然后慢慢降下至粉碎部件接近地面，观看左右粉碎部件离地高度是否一致，若不一致须调节拖拉机左、右悬挂拉杆，使整机左右高度一致，处于水平。

（2）纵向水平的调整　将还田机地轮支承板移至合适的调整孔，把固定螺栓、螺母上紧后落地。调整拖拉机中间拉杆，以粉碎刀尖离地 20～40mm 为宜，此时，机壳前端最低处（喂入口）与地面距离须在 200～250mm 之间，传动轴的倾角应保持在 10°以内，如果传动轴倾角超过 10°，可通过拖拉机左右悬挂拉杆适当调整。秸秆（根茬）粉碎还田机在此状态下作业，负荷小，作业质量好，能充分发挥秸秆还田机的机械性能。拖拉机左右悬挂拉杆和中间拉杆每次调整完毕后，需将其调整螺栓防松螺母锁紧，以防止作业时机具振动而脱落，造成机具或人员伤害。调整示意图见图 3－8。

2. 试运转　还田机作业前需进行试运转，先用撬杠轻轻转动传动轴，检查机具有无异响、磕碰、摩擦、卡滞等现象，如有应及时排除，以保证运转部件运转灵活。试运转时要确认还田机后面无人，要确认机具上无杂物、人员方可进行。

将还田机提起至粉碎部件离地面 15～20cm 的位置（提升位置过高易损坏万向节），接合拖拉机动力输出轴，在慢慢松开离合器踏板的同时加大拖拉机油门使还田机正常运转。注意：拖拉机油门要随着还田机的连接运转同时加大，否则，一方面，还田

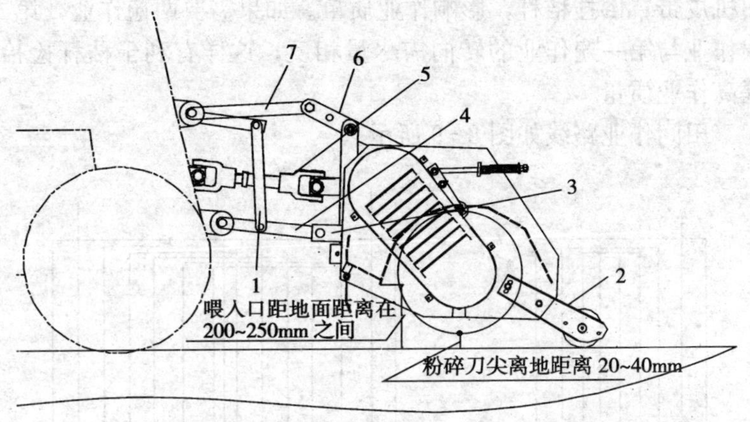

图 3-8　调整示意图

1. 拖拉机左悬挂拉杆　2. 地轮支承板　3. 还田机悬挂接板　4. 悬挂下拉杆　5. 传动轴　6. 还田机上拉杆　7. 悬挂中间拉杆

机所需扭矩大，动力较小将使发动机熄火；另一方面，还田机在达到已定的转速后才能保持平衡，如油门过小或怠速状态，还田机将剧烈抖动。

将拖拉机油门升至发动机的额定转速运转 20～30min，检查还田机运转是否平稳，有无杂音，如发现不正常的响声或振动剧烈时立即停机检查；排除故障再试。然后切断动力输出轴，待还田机停止运转后落下机具，检查箱体、轴承部位的温升，温升不超过 30°为正常。试运转时确认各部件运转良好后方可投入作业。

3. 确定作业路线　作业前操作者要了解地表情况，确定有无树桩、电杆及拉线、深沟土坑等障碍物。作业时要避开障碍物，地头留 3～5m 的机组回转地带，并确定合理的作业行走路线。目前市场上供应的秸秆还田机多为右侧偏置，所以作业时尽量从地块右侧逆转开始作业，这样还田机能作业到地边，不会丢行留秸秆。然后一直贴左侧顺行作业，直到结束作业，可防止还田机皮带罩倒挂秸秆，影响作业质量。如果需要两遍作业，第二遍作业与第一遍作业的转向需尽量相反，这样有利于秸秆捡拾，提高作业质量。

田间作业路线如图 3-9 所示。

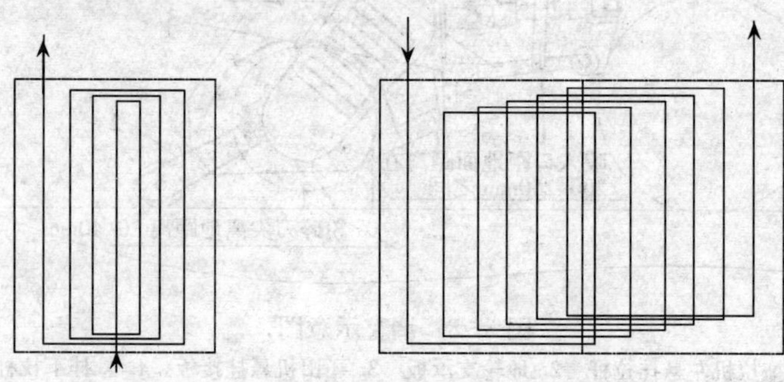

图 3-9　作业路线参考示意图

4. 确定作业速度　要根据还田秸秆的粗细、干湿情况、种植稠密及土地松软程度确定合理的行进速度，一般玉米秸秆还田机的作业速度为 5～8km/h。如果秸秆比较细小、较干燥、种植较稀疏、土地较硬，可选择高的行走速度作业，反之则要选择较低的行走速度，以满足还田机正常作业的要求，保证拖拉机既不超负荷作业，又能充分提高作业效率，保证作业质量。

5. 起步　秸秆粉碎还田机启动时要求空负荷低速启动，待拖拉机达到额定转速后，方可进行作业，并逐渐下降至正常作业位置；如猛放或突然接合，机具的冲击负荷会过大，不但会造成动力输出轴和花键套或其他零部件的损坏，而且会由于秸秆吞吐量过大容易造成机具堵塞等现象。

起步时，将还田机粉碎部件提升至离地面 5～15cm（提升位置不能过高，以免万向节夹角过大造成损坏），接合动力输出轴空运转 1～2min 至发动机额定转速，然后根据确定的作业速度，挂上合适的工作挡位，逐步放松拖拉机离合器踏板，同时操作拖拉机液压手柄使还田机逐步下降至作业高度，随之加大油门进行作业，如果留茬高度不合适，可停机通过拖拉机中间拉杆来调整。最低留茬高度以粉碎刀能充分将秸秆粉碎而又不入土为宜。

6. 悬挂装置的使用　还田机在与具有力调节—位调节液压悬挂机构的拖拉机配套时：拖拉机挂接还田机作业时，应使用位调节，禁止使用力调节，以免损坏还田机。这时要将力调节手柄固定在"提升"位置，当位调节手柄向前下方移动时，还田机下降，反之可使还田机上升；当还田机调整到所需要的下降高度后，可用定位手轮将位调节手柄挡住，以使还田机每次下降到同样的高度，保证作业深浅一致。

还田机与具有分置式液压悬挂机构的拖拉机配套时：还田机下降时，手柄应迅速扳到"浮动"位置，不要在"压降"位置停留，否则会损坏还田机。作业时分配器手柄应处于"浮动"位置，同样下降时手柄应迅速扳到"中立"位置；机具调整到所需要的下降高度后，可将油缸活塞杆上的定位卡箍调整在合适的位置上锁死，以保证每次下降到同样的高度。合理地使用拖拉机液压装置会大大降低驾驶员的劳动强度，保障作业质量，提高工作效率。

7. 皮带张紧度的调整　在秸秆粉碎还田机作业中，往往出现秸秆稀疏田块粉碎效果好、秸秆茂密田块粉碎效果较差的问题，这是由于秸秆粉碎还田机的负荷变化，机组负荷增加，三角皮带打滑及高速旋转的皮带轮发热，造成机组转速下降所致。所以，必须应经常检查调整三角皮带张紧度。三角皮带张紧度的调整参考图 3-4。张紧轮正常工作时，对整组三角皮带的压力要均衡，张紧轮的轴线与皮带轮的轴线要平行，因此张紧轮架要调整合适，不许扭曲歪斜。弹簧要有足够的压力调整，以免造成三角皮带打滑、扭曲，严重的会出现跑带现象。

8. 留茬高度的调整　秸秆粉碎还田机在作业时严禁粉碎部

件入土作业，应有一定的留茬高度，影响留茬高度的主要因素有土壤疏松程度、作物种植模式、地块平整状况。粉碎部件与地面的距离直接影响秸秆留茬高度及还田质量。

一般与拖拉机配套的还田机正常挂接后通过调整拖拉机悬挂中间拉杆就可以调整粉碎部件与地面的距离，从而调整秸秆的留茬高低，个别区域需要留茬较高时，可通过调整地轮支承板的固定位置来实现。与联合收获机配套的还田机则通过调整地轮支承板的位置或提升油缸来调整秸秆的留茬高度。最低留茬高度以粉碎部件刃口不入土为宜，否则将加速刀片磨损，降低粉碎效果，并增大拖拉机负荷。留茬高度的调整需配合纵向水平调整反复进行。

地轮支承板的位置调整如图 3-10 所示，松开机架左、右侧板上的紧固调整螺栓和紧固螺栓，将紧固调整螺栓和地轮支承板上下移动，向上调留茬高度增加，向下调则留茬高度降低，调整到适当的位置后，再拧紧紧固调整螺栓和紧固螺栓。地轮支承板左、右两边各有一件，调整时需两边同步进行。

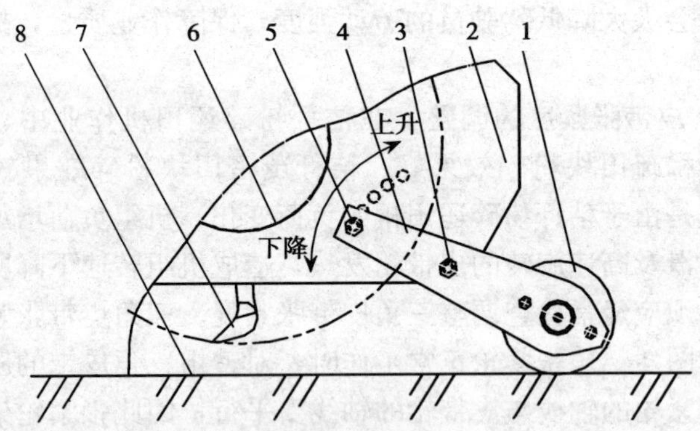

图 3-10　留茬高度调整示意图

1. 地轮　2. 机架侧板　3. 紧固螺栓　4. 地轮支承板
5. 紧固调整螺栓　6. 侧边皮带罩　7. 粉碎部件　8. 作业地块

9. 粉碎刀与定刀间隙的调整　粉碎刀与定刀的合理间隙为5～8mm，随着作业时间的增加，粉碎刀与定刀将逐渐磨损，二者之间的间隙加大，影响作业效果，调整方法：如定刀磨损严重，可更换或在定刀背部增加垫片，如粉碎刀磨损严重，则应成组更换新刀，直刀片间的质量差为最大不能超过10g，其他刀型不能超过25g。

10. 中间齿轮箱（图3-11～图3-13）**的调整**　还田机在使用中由于轴承、齿轮的磨损，轴承间隙和齿轮啮合都会发生变化，使用过程中必须检查其齿轮啮合间隙，并进行调整，同时清洗齿轮箱、更换齿轮油。

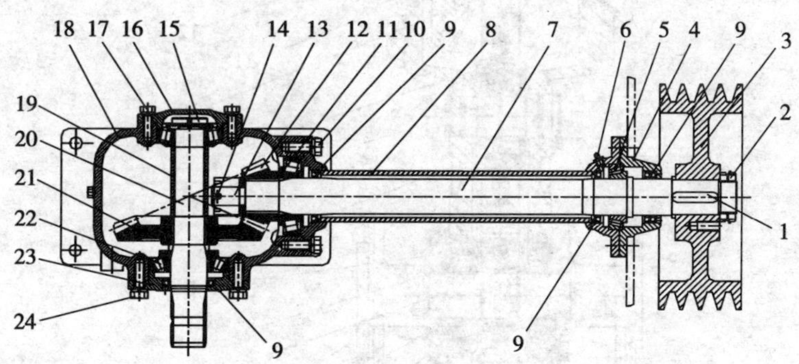

图3-11　秸秆粉碎还田机中间齿轮箱总成示意图

1. 平健　2. 圆螺母　3. 上皮带轮　4. 二轴端盖　5. 轴承　6. 黄油嘴　7. 二轴　8. 二轴焊合　9. 油封　10. 螺栓及弹垫　11. 轴承　12. 小锥齿轮　13. 开槽螺母　14. 开口销　15. 圆螺母及挡圈　16. 第一轴后轴承盖　17. 螺栓及弹垫　18. 中间齿轮箱　19. 第一轴隔套　20. 第一轴　21. 大锥齿轮　22. 轴承　23. 第一轴前轴承盖　24. 螺栓及弹垫

（1）啮合印痕检验与齿轮啮合间隙的调整　将红丹油涂在大锥齿轮的工作面上，按正常工作方向转动小锥齿轮轴，察看小锥齿轮工作面啮合印痕的大小及分布情况。造成圆锥齿轮啮合面和齿隙不正确的因素很多，在检查调整时，不能片面地根据圆锥齿轮的啮合原理进行调整，应考虑造成啮合面不正确的综合因素，

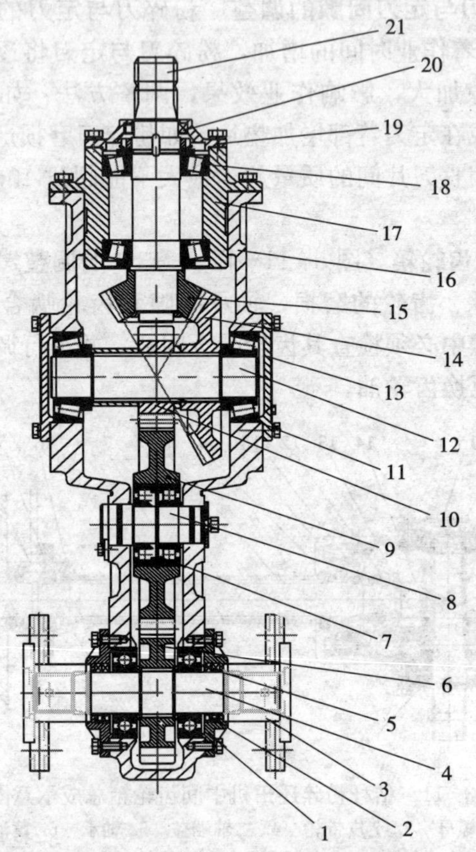

图 3-12　灭茬机中间齿轮箱总成图

1. 刀轴轴承盖　2. 油封　3. 左、右灭茬刀轴　4. 刀轴花键轴　5. 轴承　6. 刀轴齿轮　7. 轴承　8. 第三轴组合　9. 中间平齿轮　10. 二轴平齿轮　11. 轴承　12. 二轴　13. 二轴左右盖　14. 大锥齿轮　15. 小锥齿轮　16. 一轴套环　17. 轴承座　18. 轴承　19. 一轴轴承盖　20. 油封　21. 一轴

同时结合印痕的位置、齿隙、齿轮传动比的大小和调整是否方便等进行检查调整。如果齿轮的传动比不大，且印痕的位置不完全是在齿顶、齿根或齿的一端，此时可主要考虑调整的方便性。如印痕靠近齿顶、齿根或齿的一端时，应主要根据印痕的位置来调整。

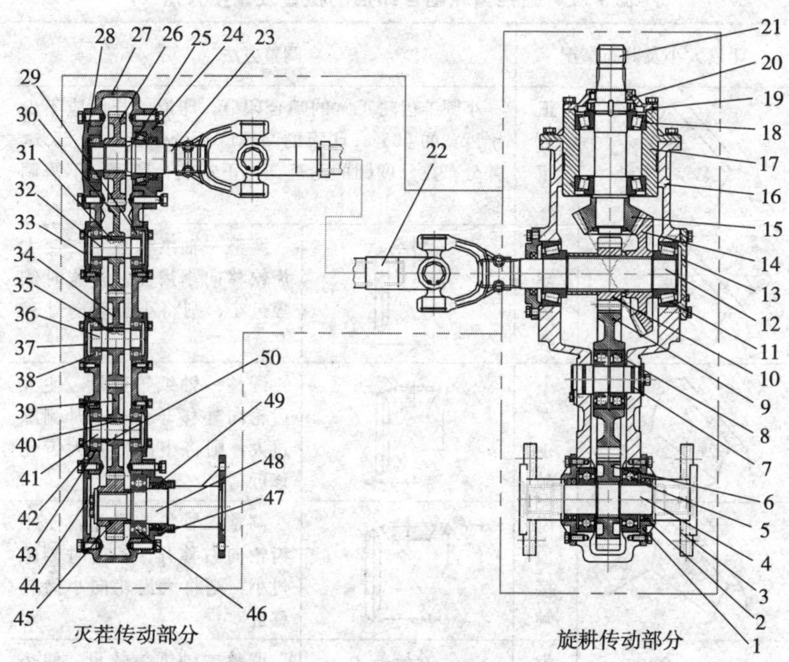

图 3-13　双轴灭茬旋耕机中间、侧边箱齿轮传动示意图

旋耕传动部分：1. 刀轴轴承盖　2. 油封　3. 左、右灭茬刀轴　4. 刀轴花键轴　5. 轴承　6. 刀轴齿轮　7. 密封圈　8. 第三轴组合　9. 中间平齿轮　10. 二轴平齿轮　11. 轴承　12. 二轴　13. 二轴左右盖　14. 大锥齿轮　15. 小锥齿轮　16. 一轴套环　17. 轴承座　18. 轴承　19. 一轴轴承盖　20. 油封　21. 一轴

灭茬传动部分：22. 传动轴　23. 灭茬输入一轴　24. 侧边箱上内盖　25. 轴承　26. 侧边箱第一齿轮　27. 侧边箱　28. 侧边箱上外盖　29. 轴承　30. 侧边箱第二齿轮　31. 平键　32. 侧边箱齿轮轴　33. 侧边箱内、外盖　34. 侧边箱第三齿轮　35. 平键　36. 侧边箱齿轮轴　37. 侧边箱内、外盖　38. 轴承　39. 侧边箱第四齿轮　40. 平键　41. 侧边箱齿轮轴　42. 侧边箱内、外盖　43. 轴承　44. 侧边箱下外盖　45. 灭茬最终传动齿轮　46. 轴承　47. 侧边箱下内盖　48. 灭茬旋转刀轴　49. 油封　50. 侧边箱齿轮轴隔套

调整啮合面的一般方法：若印痕在齿高上有偏差时，应考虑移动小齿轮；若印痕在齿长上有偏差时，应考虑移动大齿轮。具体方法见表 3-1 和表 3-2。

表 3-1　圆锥齿轮啮合印痕的检查及调整方法

印痕大小及分布情况		调整方法	
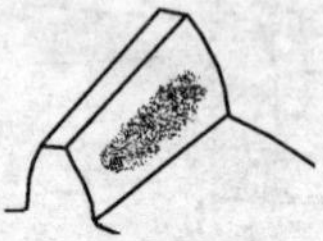	正常印痕	小圆锥齿轮正常的啮合印痕，印痕的长度应不少于齿宽的 50%，印痕的高度应不少于齿高的 55%，并分布在分度圆的附近，为正常啮合印痕，不需调整	
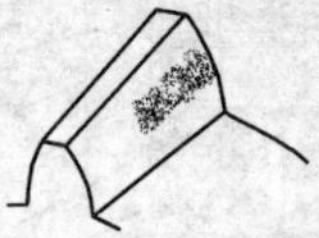	大端接触	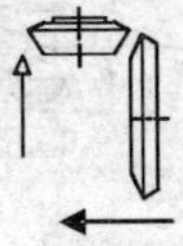	调整一轴纸垫数量，使大齿轮移向小齿轮。若这时侧隙过小，则将小齿轮向外移开
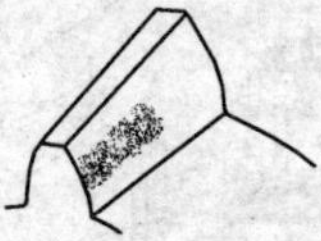	小端接触	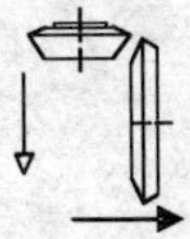	调整一轴纸垫数量，使大齿轮向外移开。若这时侧隙过大，则将小齿轮向大齿轮移近
	齿顶接触	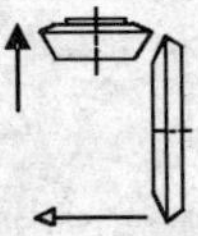	调整二轴纸垫数量，使小齿轮向右移开。若这时侧隙过小，则将大齿轮向小齿轮移近
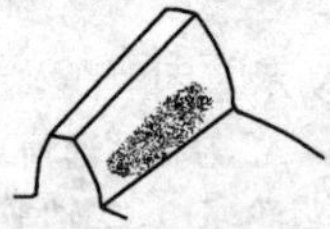	齿根接触	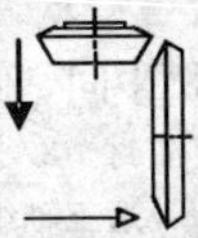	调整二轴纸垫数量，使小齿轮向大齿轮移近。若这时侧隙过大，则将大齿轮向外移开

表 3-2　圆弧锥齿轮啮合印痕的检查及调整方法

印痕大小及分布情况		调整方法	
	正常印痕	小圆弧锥齿轮正常的啮合印痕，印痕的长度应不少于齿宽的 50%，印痕的高度应不少于齿高的 55%，并分布在分度圆的附近，为正常啮合印痕不需调整	
	大端接触	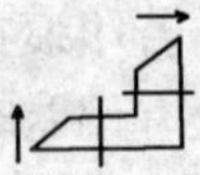	调整一轴纸垫数量，使圆弧大锥齿轮移向圆弧小锥齿轮。若这时侧隙过小，则将圆弧小锥齿轮向外移开

（续）

印痕大小及分布情况		调整方法	
	小端接触		调整一轴纸垫数量，使圆弧大锥齿轮向外移开。若这时侧隙过大，则将圆弧小锥齿轮向圆弧大锥齿轮移近
	齿顶接触		调整二轴纸垫数量，使小齿轮向右移开。若这时侧隙过小，则将大齿轮向小齿轮移近
	齿根接触		调整二轴纸垫数量，使小齿轮向大齿轮移近。若这时侧隙过大，则将大齿轮向外移开

（2）锥齿轮齿侧间隙的调整　适当的齿侧间隙是齿轮正常工作的条件之一，间隙过大会产生较大的冲击和噪声，间隙过小则润滑不良，加速磨损，甚至顶死。间隙过大和过小都会造成齿轮副的非正常磨损，严重影响齿轮的使用寿命。

齿侧间隙的测量方法：将保险丝（或其他软金属丝）弯曲成“S”形，置于齿轮啮合面间，按正常工作方向转动齿轮将铅丝挤扁，取出铅丝，测量靠近大端处被挤压的保险丝厚度即为齿侧间隙，（一般至少测量 3 点，且测量点均匀分布于齿轮圆周上），正常间隙应在 0.19～0.36mm 之间，如果超过 0.5mm，则应加以调整，调整方法参照表 3-1 和表 3-2。

（3）轴承间隙的调整　轴承间隙的调整要与齿侧间隙的调整同时进行，轴承间隙过大或过小都会造成轴承的非正常损坏。间隙过大，轴会明显窜动，引起机具振动，轴承也会因非正常接触而损坏；间隙过小，轴承会因润滑不良而发热，严重时会抱死。正常的轴承间隙为 0.1～0.2mm，当超过 0.5mm 时应加以调整。输入轴轴承间隙调整是在调整好齿侧间隙后增减箱体与两侧端盖间的调整垫片来完成的。输出轴轴承间隙的调整是在齿侧间隙调整前调整，通过固定小锥齿轮的六角开槽螺母来调整。首先，将固定螺母的开口销取下，然后旋紧螺母，则轴承间隙变小，反之轴承间隙变大。调整合适后用开口销锁紧。总的调整原则是轴无明显窜动又运转自如。

三、安全操作注意事项

①操作者必须认真阅读产品使用说明书，了解还田机的结构特点，工作原理和性能，掌握正确的使用方法，以充分发挥还田机的功效，对说明书中的安全操作注意事项要高度重视，以防止机具损坏或人身事故的发生。

②粉碎还田机应按使用说明书的规定配套合适的拖拉机。机具应按使用说明书的要求进行调整和保养，经检查合格后方可进行作业。

③作业时要远离大的土埂、树桩、电杆、拉线等障碍物，地头要留足够的回转地带，以免造成机具及人员挂碰伤害。机具运转时，严禁接近旋转部位，以免发生缠绕，造成人身伤亡；作业时，机具后方和周围严禁站人，以防飞土打人，或旋转部件飞出伤人。作业或运输时，还田机上禁止堆放重物或站人。

④秸秆粉碎还田机要在起步的同时缓慢降落机具，严禁猛提猛放或在作业状态起步，作业时，禁止粉碎部件（刀片或锤爪）打入土层，以防大幅度增加扭矩而引起机具故障。若发现锤爪打土时，应及时调整。根茬粉碎还田机起步时，要先接合灭茬机离合器，后挂挡工作。同时，操纵液压升降柄（或缆盘升降机构的绕把），使刀片逐步入土，随之加油门，直至正常灭茬深度为止。禁止在起步前将机具先入土或猛放入土，这样会使刀片受到冲击，致使传动部件损坏。

⑤还田机转弯时应将机具提升，提升高度以刀片离地 100～200mm 为宜，提升过高将使传动轴倾角过大，影响传动轴寿命。

转弯后方可降落继续作业，作业时万向节传动轴的夹角不得超过±15°。地块转移时要切断传动轴动力，并将还田机提升到较高位置。远距离转移或运输时，应将拖拉机下降限位锁死。如拖拉机具有力调节—位调节液压悬挂机构，则应关死下降速度调节阀门；如拖拉机具有分置式液压悬挂机构，应将油缸活塞杆上的卡箍锁死在提升较高的位置。停车时将还田机降落着地，不得悬挂停放。

⑥必须选择合适的万向节传动轴及安全防护装置，经常检查万向节传动轴的插销及十字轴端挡圈，禁止安装使用已损坏或技术状态不良的万向节传动轴的零部件，以免发生意外；随时检查皮带轮挡圈的可靠性，防止紧固螺栓松动，否则螺栓丢失会造成平键脱落，皮带轮、轴报废等后果；连续作业 4h 后停机检查紧固件连接是否可靠，箱体是否漏油，齿轮油是否变质，运转部件的温升是否正常，检查无误后方能继续作业。要经常注意观察还田机工作部件在运转过程中是否有杂音及金属敲击声，如发现有异常声音，就要立即停车检查，排除故障后才能作业。作业时出现故障，要立即切断动力输出轴的传动，然后停车检查并排除故障。检查秸秆粉碎还田机的万向节传动轴、粉碎部件及齿轮箱零部件时，必须切断动力，发动机熄灭。如需要更换零部件时，应将还田机稳定支撑好，严禁在发动机未熄火时更换零部件，确保安全。

⑦应认真阅读理解机具上张贴的安全警示标识（表 3 - 3），见到安全标识时，应警戒可能产生的危险，并告知其他操作者。安全标识若损坏或丢失应及时更换或补充。

表 3 - 3　常用安全警示标识示例

 	含义：使用前应仔细阅读本产品使用说明书，严格按说明书的要求进行操作和保养 张贴位置：侧板

（续）

<table>
<tr>
<td colspan="2">
</td>
<td colspan="2">
</td>
</tr>
<tr>
<td colspan="2">含义：机具运转时，严禁接近旋转部分。严禁在机具上站人
张贴位置：主机后框架、侧板</td>
<td colspan="2">含义：机具运转时，不得打开或拆下安全防护罩
张贴位置：皮带防护罩</td>
</tr>
<tr>
<td></td>
<td>含义：
上图：作业时不得靠近粉碎部件，以防刀轴伤人
下图：与机器保持安全距离，以防抛出物伤人
张贴位置：机罩</td>
<td>
</td>
<td>含义：机器工作时，要保持安全距离，不得靠近动力输入传动轴，避免缠绕危险
张贴位置：传动轴防护罩、机罩</td>
</tr>
</table>

四、作业要点

①作物黄熟期的秸秆和叶子呈黄绿色，含水量一般在30%～60%，秸秆脆且未完全形成纤维状。此时，秸秆粉碎效果较好，还田后还可利用秸秆本身和田间的土壤水分，加快秸秆腐烂。若还田不及时，秸秆干枯、地表干燥、会使粉碎长度加大，效果变差；耕翻后，秸秆吸收土壤中的水分，局部干燥发热，会影响复播作物种子的发芽及根系生长。因此。较干枯的秸秆还田后不能直接复播，有条件时可在浇水后整地复播。

②秸秆粉碎还田机作业时要注意选择拖拉机作业挡次和调整留茬高度，粉碎长度不宜超过 10cm，严防漏切。玉米秸秆不能

撞倒后再粉碎，否则即不能将大部分秸秆粉碎，还会因粉碎还田机工作部件位置过低，刀片打击地面增加负荷，甚至使传动部件损坏。工作部件的离地间隙宜控制在 5cm 以上。秸秆粉碎还田.加施化肥后，要立即旋耕或耙地灭茬而后翻耕，翻压后如土壤墒情不足，应结合灌水。在临近播种时要结合镇压，促其腐烂分解。

③根茬粉碎还田作业可选择在秋季作物收割后和春季作物播种前进行。春季作业优于秋季作业。因为，根茬粉碎还田技术的特点是利用非腐解有机物培肥土壤。如果在气温较温和的地区选择早秋作业，根茬就会有一定的腐解，从而分解和破坏土壤中的氮肥。春季作业就相对好一些，根茬经冬季风吹日晒，水分基本被蒸发掉，茬部干脆，容易粉碎埋在土壤中也不易腐解。另外，春季所有根系也失去活力，刚解冻（北方），土质较秋季疏松，能减小灭茬机的工作阻力。

④灭茬作业前，要有计划选定地块。要求地块较平坦，土壤中含水率要适合作业机械。清除田间的障碍物，填平沟坎。如果田间杂草太多又太高，就要割断，以保证机械的作业质量。准备灭茬还田的作物收获时留茬高度要适当。如果留茬太低，就会降低根茬培肥土壤的能力；留茬过高，又会影响灭茬机的作业质量。玉米和高粱等秸秆较粗的作物，留茬高度应在 10cm 左右，小麦、大豆、棉花等秸秆较细的作物，留茬高度应在 5cm 左右。

⑤灭茬深度要根据不同作物及其根系发达程度而定。玉米、高粱、棉花等作物根系发达，灭荐深度要达到 10～20cm，小麦、大豆等作物灭茬深度应为 8～10cm。单体作业幅宽应以不漏切根茬，不破坏垄界，又能替代一次较好的耕整地作业的条件为准则。根据各地区垄距的不同、单体作业幅宽以 25～30cm 为宜。

⑥根茬粉碎后，切断长度在 5cm 以内的要占 80%左右，5～10cm 的只能占 20%左右，站立漏切的不超过 0.5%。被灭茬机粉碎后的根茬，地表覆盖率不能超过 40%，地下覆盖率不能低

于60%。如果是同时配有起垄机装置的灭茬机组，那么整体碎茬覆盖率要达到98%以上。就增加土壤的孔隙和通风透光性而言，灭茬作业的同时对土壤加工越细碎越好，一般碎土率应为90%～95%。

⑦镇压保墒。秋季进行灭茬作业的地块，可等到来年春季顶凌镇压。春季进行灭茬作业的地块，可在灭茬作业一天后开始镇压。镇压可由机引V型镇压器或牲畜拉磙子完成。

第二节 水田耙

一、安装与检查

水田耙工作前一定要进行安装检查，使其处于完好的技术状态，以减少作业时的故障，提高作业质量和效率。检查内容有以下几个方面：

①检查各工作部件的技术状态是否完好，凡是损坏的工作部件应及时修理或更换，水田刀耙的刀齿，星形耙片和圆盘耙片的刃口应锐利，过钝的刃口应磨锐。

②检查工作部件的安装情况，如刀齿在耙架上固定是否牢固，轧辊叶片或星形耙片有没有脱焊，装在方轴上的圆盘耙片是否晃动等。同时还应将耙架垫起，用手转动耙组或轧辊，看其转动是否灵活。凡不符合安装要求的组合件，应进行焊修或重新调整。在安装缺口耙片时，应使缺口按7.5°、15°、22.5°、30°、45°的顺序装在同一轴上，组成螺旋线排列。缺口圆盘耙组装到耙架上时，应将用左旋螺母锁紧圆盘的耙组放在耙架的右边（沿机器行进方向看），用右旋螺母锁圆盘的耙组放到左边，这样耙组在工作时螺母便不易松脱。

③检查轴承的技术状态，严重磨损的轴承应更换。橡胶轴承切勿沾染油质物体，防止橡胶老化，影响使用寿命。

④检查耙架有无变形，变形严重的应校正，否则将会影响工

作部件的耙深一致。

⑤检查各部分的固定螺钉有无松动或脱落，拧紧松动的螺母，失落的螺钉应补齐重新上紧。

二、试耙与调整

水田耙安装检查完毕后，可进行试耙和必要的调整，观察耙能否正常工作。星形耙和圆盘耙还需要调节偏角，偏角的大小应根据生产单位的规定进行。如 PQX 型水田耙前列耙组的调整范围为 0°～20°，后列耙组偏角为 5°不能调整。前列耙组偏角采用的数值可参看表 3-4。

表 3-4　PQX 型水田耙前列耙组偏角的调整范围

<table>
<tr><th colspan="3">作业项目</th><th>调整角度</th><th>备　注</th></tr>
<tr><td rowspan="2">春耕</td><td colspan="2">粗　耙</td><td>10°～15°尽量选用 15°</td><td>指犁耕后第一次耙以碎土为主</td></tr>
<tr><td colspan="2">细　耙</td><td>5°～15°尽量选用 5°</td><td>指第二次耙，以平土，糊田为主</td></tr>
<tr><td rowspan="3">夏耕</td><td rowspan="2">耕留稻茬田及以耙代耕</td><td>粗耙</td><td>15°～20°尽量选用 20°</td><td rowspan="2"></td></tr>
<tr><td>细耙</td><td>5°～10°</td></tr>
<tr><td colspan="2">耕翻后耙田</td><td>与春耕同</td><td></td></tr>
</table>

角度调节方法是先将耙升起，旋松星形耙组轴端螺母与限位片，将轴向上抬出半圆缺口，移至所需位置处，再将轴放进该缺口处，重新装上限位片与拧紧螺母。

使用 PQX 型水田耙春耕耙地时，还需调整上拉杆的长度，使耙前端稍高，最好使耙架与地面成 1°～3°的倾斜角度。夏耕耙留稻茬田时（第一次），要将上拉杆缩短，使水田耙前列较低，加强前列星形耙片的浅翻作用，然后调整悬挂机构右提升杆的高度，使水田耙左右高度一致。

BSX 型水田耙缺口圆盘耙组的偏角调节范围有 0°、5°、10°三个。偏角增大，入土、碎土及切断草根的能力增强。调节方法是利用耙架中部弧形调节板上的四个孔及两侧耙架相对应的四孔，当支杆固定在弧形板上1与3孔、耙架上2与4孔时，耙组偏角为0°；当支杆固定在弧形板上2与4孔、耙架上2与4孔时，耙组偏角为5°；当固定在弧形板上2与4孔、耙架上1与3孔时，耙组偏角为10°。

BSX型水田耙工作时要求耙架水平，耙架的前后水平通过上拉杆调节，左右水平用右提升杆调节。

在向拖拉机上悬挂水田耙时，还应根据拖拉机机型的高矮，适当选择上拉杆在悬挂架上的安装位置，悬挂架上较高的孔用于高机型，低位置的孔用于矮机型。

经过试耙和调整，如已达到要求，即可将液压机构限深手柄位置固定进行作业。

三、耙地方法

在水田耙地时，由于受地块及地形的限制需要用不同的方法去解决不同的矛盾。从耙地的方向相对于耕地的垡条来说，基本上有三种：

（1）顺耙　耙地方向与耕地垡条一致，这样机具在作业时，机组颠簸较小，耙地阻力也小，但不易耙平垄沟，此法适用于狭长地块。

（2）横耙　耙地方向与耕地垡条垂直，切土、碎土、平地作用良好，但机具阻力较大，且机组颠簸厉害，此法适用于地块横向较宽的大块地。

（3）斜耙　耙地方向与耕地垡条成一角度，切土、碎土、平地作用良好，机组行走也比较平稳，大地块适于采用此法。

具体的耙地方法有以下几种：

（1）梭形耙法　适用于顺、横或斜耙。这种耙法在操作上较简单，但地头要留得较大，因机组需在地头小转弯。

（2）套耙法　此法可避免小转弯，但这种耙法应防止机组走歪，引起重耙和漏耙。

(3) 回行耙法　在不规则地块上可采用回行耙法，这种耙法也比较简单，容易操作，但机组在转弯时容易产生漏耙。因此耙至最后，应对四角作一次梭形往返。

(4) 交叉耙法　可分直角纵横交叉耙地及对角斜交叉耙地。采用交叉耙地法效果良好，但要求地块成方形或长方形。但对角斜交叉法耙地时，第一趟应对准对角线偏 1/2 耙幅的目标，为此应设立明显的标志。当全部耙完后，还需绕地边四周耙一圈，将地边地角全部耙到。

四、安全操作注意事项

①水田耙耙地时，必须在田里灌适量的水，灌水过深看不清地面，不容易耙平；水太浅容易拖堆，土块不易破碎，影响作业质量。灌水深度以 3～6cm 为宜。灌水时间最好比耙地时间提前几天，这样土垡浸水后，水分子进入土粒之间形成水膜，使土粒间距增大，降低了土壤的黏结性，有利于耙碎土垡，提高耙地质量。

②耙地时相邻行间应有 20～40cm 的重叠量，这样地面容易耙平，避免漏耙。如发现有严重壅土、拖堆现象，要分析产生的原因加以排除，不应勉强使用，这样既影响工作质量，同时还会引起耙架及工作部件的变形和损坏。

③地头转小弯时应将耙提起。转弯、倒车时，应避免水田耙与田埂相撞；靠近田埂耙地时，不应让耙片顶住田埂，以免损坏机件。过田埂或运输时，一定要将耙升起，远距离田间转移时，还应将耙锁住。

④水田耙工作时，严禁在耙上站人或搁置重物并严禁修理或排除故障；如需修理一定要停车后进行。

第四章

秸秆(根茬)粉碎还田机维护保养及常见故障排除

第一节 维护与保养

对秸秆（根茬）粉碎还田机的正确维护和精心保养，会直接影响其使用寿命，对维持机具的正常运转，减少故障的发生，降低维修费用，提高作业质量和经济效益也具有重大意义。所以，养成对所使用的粉碎还田机进行日常及定期的维护保养习惯非常重要。

一般来说粉碎还田机的维护保养分为日保养和季保养。

一、日保养

日保养就是每天对粉碎还田机的连接、转动、传动、润滑、机架、机壳等零部件及部位进行检查，并进行必要的维护保养。

1. 连接部位的维护保养 作业中发现螺栓连接部位有松动现象，应及时紧固。每天作业结束后，对粉碎还田机的所有螺栓连接处进行检查，有松动现象进行紧固，若每天同一部位均有松动现象，则用双螺母锁紧。

2. 转动部位的维护保养 秸秆（根茬）粉碎还田机的转动部位包括万向节传动轴总成、齿轮箱总成，粉碎轴总成、地轮轴总成及张紧轮总成。

（1）万向节传动轴的维护保养　在万向节传动轴黄油杯处加注润滑脂。将机具升起，在方轴裸露部分涂润滑脂，以保证方轴在方管内滑动通畅。

（2）齿轮箱总成的维护保养　检查齿轮箱内齿轮油位置，油面高度以大齿轮浸入油面 1/3 为宜，若不足，补充齿轮油至合适位置，所加注补充的齿轮油必须是正规厂家生产的合格产品，切忌购买伪劣齿轮油或使用一般机油代替，否则会造成齿轮及箱体内轴承的损坏。在输出轴端黄油杯处加注锂基高速润滑脂。检查输入端及输出端有无齿轮油渗漏现象，若有，应更换输入轴压盖内油封，由于输出轴更换油封较困难，可采用剪短骨架油封弹簧的方法达到控制渗油的目的。具体操作是将输出轴护罩拆下，将输出轴清理干净，在输出轴靠近箱体位置 10cm 长度上涂润滑脂，然后卸输出端轴承盖连接螺栓，将轴承盖移出 10cm 左右，取出轴承盖内弹簧，旋开弹簧接头，用夹嘴钳将弹簧的粗端剪去 10～15mm，再按拆卸的反顺序进行安装即可。清理箱体顶部及周围的杂物，检查放气螺栓是否通气，若不通气则进行清理，直至通气。

3. 粉碎轴总成的维护保养

①在粉碎轴两侧黄油杯处加注锂基高速润滑脂（高速黄油）。

②提升还田机至最高点，检查刀片、开口销等，有个别开口销被田间杂物拉扯变直，应用工具将其再弯曲，以免销轴脱落引起刀片丢失，导致粉碎轴剧烈震动。检查粉碎刀的磨损情况，一般粉碎轴两端的粉碎刀磨损较快，发现磨损较严重时，及时更换。发现粉碎刀的工作面合金脱落磨损严重，应将所有刀片全部换面，用另一侧工作面进行粉碎还田作业。刀片调换工作面，再工作一段时间后，发现刀片磨损严重，应更换全部粉碎刀，以保证粉碎轴运转平稳，同一粉碎轴上的刀片质量差应小于 10g，同一重量级的刀片方可装于同一粉碎轴上，换刀时，应注意将两侧

最外两组刀片的销轴开口销应装在内侧，否则由于侧板处积土，过度磨损开口销，造成开口销被磨断丢失，刀轴脱落，引起机具震动。

4. 地轮轴总成的维护保养 在地轮支撑板外侧黄油杯处加注润滑脂，清除地轮轴上的泥土及其他杂物。

5. 张紧轮的维护保养 粉碎还田机的张紧轮通常有两种。一种设计有黄油杯，保养时直接将润滑脂从油杯中注入。另一种是用油封螺钉代替黄油杯的，保养润滑时，将张紧轮中部封油螺钉旋出，加注锂基高速润滑脂，再旋紧封油螺钉。

6. 传动部位的维护保养 现在市场上使用的粉碎还田机的传动方式有三种：一种是链条传动（如联合收获机前置式玉米秸秆粉碎还田机），一种是齿轮传动（如根茬粉碎还田机），另一种是最普遍的三角皮带传动。

（1）链传动的维护保养

①在链条上均匀涂润滑脂，以减少其与链轮之间的摩擦。

②检查链条的磨损情况，及时张紧，严重时更换。

③检查链轮的磨损情况，发现链轮磨损严重时，及时更换。

④检查链传动的松紧情况，调整链条张紧轮使链条达到合适松紧程度。

（2）齿轮传动的维护保养（参见齿轮箱总成的维护保养）

（3）三角皮带传动的维护保养

①及时调整三角皮带紧度，防止三角皮带过松或过紧。

②检查张紧轮与三角皮带是否垂直，三角皮带是否跑偏，三角皮带跑偏会引起外表面的较快磨损，通过调整张紧轮与三角皮带的夹角可有效解决三角皮带跑偏问题。

③三角皮带若有脱线、划裂、打滚现象，应及时更换。

7. 机架、机壳的维护保养 清除机壳表面的尘土，清除滚筒内壁黏附的黏土层，达到减少负荷和防止粉碎刀端面的早期磨损。

二、季保养

季保养是指粉碎还田机在秋季作业完毕，需长期存放前的保养，一般按下列步骤进行：

①执行日维护保养的各项内容。

②冲洗机具，将机具表面的泥土、油污清理干净。

③卸掉三角皮带，将三角皮带入屋保管。

④放掉齿轮箱体内的齿轮油，并用汽油冲洗干净箱内的杂物。

⑤检查轴承和锥齿轮间隙，若齿轮间隙过大或输出轴窜动，应进行调整，若发现齿轮有脱齿现象，应进行更换。

⑥注入新的双曲线重负荷齿轮油，旋紧箱盖螺栓，确保密封，将放气螺栓放气孔用纸塞紧，以防存放时沙土侵入。

⑦对各油漆剥落处按原色喷（涂）漆。

⑧所有螺栓连接部位，涂油防锈；所有销轴，粉碎刀刀轴进行涂油防锈处理；地轮轴表面喷（涂）防锈漆。输入轴花键处进行涂油防锈处理，然后盖好防护罩。

⑨拆洗万向节传动轴的十字轴及滚针轴承，检查其磨损情况，必要时应更换，安装好传动轴后，应将花键节叉花键孔内做涂油防锈处理。

三、非作业季节机具的存放

粉碎还田机应贮存在干燥通风的库房内，前支撑用随机附件支撑管。地轮支撑板下面放上垫木，高度为地轮离地 20mm 左右。如露天存放，应用防雨油布将整机盖好。

第二节　常见故障及排除方法

秸秆粉碎还田机预防故障发生的主要措施是加强维护保养，

一旦发生故障则应先查明原因，及时排除，切不可带病作业，否则将造成更大损失。

一、传动轴

1. 万向节轴承卡死　长期未加注润滑脂，会造成万向节轴承转动不灵活，甚至卡死（俗称烧住）。

排除方法：定期加注润滑脂，一般 8h 加注一次。

2. 万向节折断　万向节受力过大易折断。主要有以下原因：一是作业中机具突然超负荷；二是作业中机具传动系统有卡死、干涉现象；三是机具运转时提升过高，传动轴提升角度过大。

排除方法：更换万向节。将节叉两端固定万向节轴承的弹性挡圈卸掉，用铜棒（或其他软金属棒）将万向节轴承套向节叉的另一端砸，直至两端的轴承套全部从节叉孔中退出，取下轴承套即可取下万向节十字轴，安装时先装上一端轴承套，然后装上新的十字轴，再装另一端十字轴轴承套，装好节叉两端的弹性挡圈即可。

3. 节叉损坏　节叉损坏主要有以下原因：一是作业时机具突然超负荷，将节叉掰断；二是机具运转时提升角度过大，易将节叉肩部掰断；三是节叉质量不合格。节叉分精密铸钢件和锻钢件，出问题较多的是精铸件，由于铸钢件较锻钢件内部组织疏松，容易形成铸造气孔，造成强度低，有的铸造材质不符合标准或铸后热处理工艺不完备，也影响节叉强度。

排除方法：节叉损坏后不能焊接，只能更换。更换时必须是同一厂家生产的，否则会造成方轴与方管尺寸不合适，不是装不进去就是间隙过大。间隙过大时，传动轴运转时传动轴振动，噪音大，易损坏方轴和方管。

4. 传动轴转动时有异常响声　传动轴安装不正确，使方管节叉和方轴节叉的叉口成 90°，造成机具运转振动，产生异响，且容易损坏传动轴。

排除方法：重新安装，使传动轴方管节叉和方轴节叉的叉口在同一面上。

二、齿轮箱总成

1. 齿轮箱温升过高

（1）齿轮箱内轴承损坏造成齿轮箱温升过高

排除方法：拆下输出端皮带轮的三角皮带，将拖拉机动力输出轴动力切断，用手转动输出轴，观察齿轮箱转动是否灵活。如果转动不灵活，打开齿轮箱上盖，查看是输入轴轴承还是输出轴轴承的影响，确定是哪套轴承后，拆下轴承盖、轴承座，换上新的轴承。

（2）齿轮啮合间隙过小造成齿轮箱温升过高

排除方法：一手固定住输入轴，一手来回转动输出轴，用手感觉齿轮的啮合间隙（或用轮齿间嵌入铅丝的办法检测轮齿啮合间隙），输出轴应有少许摆动，如果间隙过小，采用在输入轴两端轴承盖和输出端轴承盖加调整纸垫的办法进行调整，直到调整到齿轮啮合间隙合适为止。

（3）轴承安装过紧造成齿轮箱温升过高

排除方法：如果轴承没有损坏，用手转动输入或输出轴，确定是哪根轴上的轴承过紧。确定后，在轴承压盖处加适当厚度的调整垫，如果是输入端过紧，输出端轴承盖加垫后，转动仍不灵活，即是输出端紧固齿轮的花螺母拧得太紧。将花螺母上的开口销取出，适当旋松花螺母，使转动灵活。无论是输入轴还是输出轴，用手轴向拉动时，既不能有轴向窜动，又能保证转动灵活，还能保证齿轮轮齿的啮合面，即为调整合适。

（4）润滑油不合格　齿轮箱内润滑油过稀则起不到润滑作用，浓度过大则无法散热，都会造成齿轮箱温升过高。

排除方法：更换合格的齿轮油。

2. 齿轮箱齿轮打齿、断轴

①齿轮箱内有异物或轴承损坏后，金属挤在两齿轮轮齿之间，将轮齿挤坏。

排除方法：取出异物（或更换轴承），更换齿轮副。注意齿轮要成对更换，因还田机用的弧齿锥齿轮都是配对使用的，单独更换将影响齿轮副的正常啮合。

②轮齿啮合面不合理，偏向小端或偏向大端，使轮齿局部过载，造成打齿。

排除方法：更换齿轮，并按表 3 - 1、表 3 - 2 所述办法调整齿轮啮合面。

③齿轮轴向滑动，也容易造成打齿、断轴。作业时输入轴齿轮带动输出轴齿轮旋转，输入轴齿轮为主动，输出轴齿轮为被动，当机具升起，降低油门时，在粉碎刀轴惯性的带动下，输出轴带动输入轴旋转，输出轴齿轮为主动，输入轴齿轮为被动，齿轮如果有轴向间隙，会来回滑动，齿轮啮合面会变动，造成接触面不合理，出现打齿断轴现象。

排除方法：调整输入、输出端轴承盖纸垫，紧固输出轴上的花螺母，以消除齿轮轴向间隙。

④输出轴两端均为悬臂轴，发动机猛加油门或作业时负荷突然加大，容易折断。三角皮带安装过紧，输出端受弯曲应力加大，也易造成折断。

排除方法：作业时要缓慢加油门，观察作业地块有无石头、树桩等硬物；三角皮带安装松紧要适当。

⑤输入轴、输出轴花键，齿轮内花键磨损后，齿轮花键和轴花键间隙过大，齿轮运转时出现端面跳动，齿轮啮合面不合理，有时两个轮齿无间隙，出现卡死现象，造成打齿、断轴。

排除方法：及时更换磨损的齿轮和花键轴。

⑥变速箱紧固螺栓松动也会出现断轴打齿。作业时，如果变速箱紧固螺栓松动，变速箱会来回移动，使输入、输出轴承受过

大的弯曲负荷，导致输出轴折断、打齿。

排除方法：定期检查变速箱底座紧固螺栓是否松动，并及时加以紧固。

此外，秸秆粉碎还田机为增速齿轮箱，增速倍数为 2.2～4 倍，轴与齿轮传动扭矩较大，也易造成输入、输出轴的折断。

3. 齿轮箱内有异常响声　齿轮箱内轴承损坏，轮齿折断，有异物落入，齿轮啮合间隙过大，齿轮在花键轴上固定不牢固，轴向窜动都会产生异常响声。

排除方法：分析原因，参照上述条款，采取针对性措施解决。

三、粉碎轴总成

1. 粉碎轴失去平衡引起机具振动

①秸秆粉碎还田机出厂时，每台粉碎还田机的刀片都是同一个重量级，粉碎轴都是带刀做动平衡的，允许的不平衡量短粉碎轴为 25g，较长粉碎轴一般不超过 40g，所以机具在高速运转时不会产生明显振动。如果粉碎刀片脱落、折断或严重磨损，粉碎轴失去平衡就引起机具振动。

排除方法：刀片脱落或折断后，安装或更换的新刀片应与原机配备刀片同一重量级，刀片磨损严重后必须整台更换同一重量级的刀片。

②秸秆粉碎还田机的粉碎轴带刀做动平衡时都是在轴管上加焊配重块，作业时如遇硬物将平衡块碰落或将粉碎轴碰弯，粉碎轴将失去平衡引起机具振动，严重时无法作业。

排除方法：重新做动平衡试验。

③粉碎轴轴承磨损严重或轴承损坏时，粉碎轴会失去平衡产生振动。应及时检查并更换轴承。

④作业结束后，应将秸秆粉碎还田机的三角皮带摘掉。三角皮带过紧存放，粉碎轴将会长时间单侧受力而弯曲变形，机具使

用时也会产生振动。

2. 粉碎轴损坏 作业时粉碎轴轴承转速较高，负荷较大，受冲击力较大，尘土较多，工作条件比较恶劣，必须定期加注润滑脂（一般 8h 必须加注一次锂基润滑脂）。如果保养不当，轴承温升过高，润滑脂熔化，起不到润滑作用，导致轴承损坏，严重时会烧死在轴上，或是轴承内套将粉碎轴轴承位磨损。

排除方法：返厂维修，更换粉碎轴轴头或粉碎轴。

四、皮带和张紧轮总成

①三角皮带安装不正确导致损坏。更换安装皮带轮时要使输出轴上皮带轮的带槽与粉碎轴皮带轮的带槽在同一平面内，否则会造成三角皮带在带槽内摩擦，温度升高，三角皮带与带槽接触面单边受力过大，造成三角皮带损坏。同时要检查皮带与槽宽窄是否一致，角度是否合适，否则会造成三角皮带松紧不一，影响其使用寿命。

②张紧轮压力不合适造成三角皮带损坏。张紧轮总成的作用为自动调节三角皮带松紧度。张紧轮压得过紧，造成三角皮带受力过大，温度升高，皮带拉长，进而损坏三角皮带；张紧轮压力过小，三角皮带打滑，温度也会升高，磨损三角皮带。使用前应按要求进行调整。

③张紧轮轴承损坏引起张紧轮振动，进而使轴承烧死，张紧轮不转动，三角皮带会很快磨损。排除方法是及时更换轴承，且张紧轮要每班加注锂基润滑脂一次。

④张紧架固定轴变形歪曲引起张紧轮运转时向某一方向赶偏三角皮带，造成三角皮带温升过高，损坏三角皮带。张紧架固定轴变形后，张紧轮轴线与三角皮带不垂直，张紧轮在压紧三角皮带时同时产生滚动摩擦和滑动摩擦，滑动摩擦使三角皮带温度很快升高，三角皮带外面的耐磨材料很快磨损，造成三角皮带损坏。排除方法：及时将变形的张紧架固定轴更换并检查固定此轴

的侧板是否变形，如已变形要及时调整。

五、喂入口堵塞

造成喂入口堵塞的原因主要有：一是喂入口过低。一般喂入口（机壳滚筒前端距地面）高度应在200～250mm为宜，喂入口太低，使秸秆倒伏严重，不利于喂入。二是前进速度过快。机具在粉碎轴转速一定的情况下，如果行走速度过快，会造成喂入量加大，造成粉碎效果不好，喂入口堵塞，无法继续作业。三是作物过密。我国地域辽阔，各地种植结构、种植品种、施肥量各不相同，如遇又高又粗又密的秸秆时，容易造成堵塞。四是粉碎刀严重磨损，捡拾作用降低，秸秆不能正常喂入，造成堵塞。

排除方法：根据实际情况选择合适的喂入口高度和前进速度；当粉碎刀严重磨损时，应整组更换新刀。

六、作业效果不好

①留茬高度不合适影响作业质量。留茬过低，刀片打土，机具负荷突然加大，刀轴转速明显下降，粉碎质量也明显下降，且会加剧刀片磨损，增加作业成本。锤爪式粉碎刀如果打土会导致发动机熄火，从而影响作业效率。留茬过高，根茬不能粉碎，也会影响作业质量。

②机具左右水平调整不到位导致左右留茬高度不一致。通过调整地轮支承板位置或调整拖拉机左右拉杆使机具水平，以满足作业要求。

③粉碎刀与定刀磨损，间隙加大，影响作业质量。应按要求更换刀片或在定刀背部增加垫片。

④前进速度过快，喂入量过大，造成机具负荷加大，也会影响作业质量。

⑤刀轴缠草会增加机具负荷，影响粉碎效果。作业时要经常清除机具内的缠草杂物。

第五章

秸秆(根茬)粉碎还田机的选购原则与方法

第一节　各地区农作物种植对秸秆还田的要求

我国地域辽阔，农作物丰富，气候与土壤条件各不相同，因此各地区的农作物秸秆还田模式与农艺要求也不尽相同，实施的农作物秸秆机械化还田的工艺路线也千差万别，因此，在选用秸秆还田机具前，应首先了解本地区的农作物秸秆机械化还田模式与农艺要求。

一、东北农区

主要包括辽宁、吉林、黑龙江及内蒙古部分地区，纬度较高，农作物种植多为一年一熟制。主要作物是小麦、玉米、大豆和水稻，该区秸秆还田模式主要是玉米、小麦、大豆秸秆粉碎翻压还田，水稻留高茬还田。

①玉米、小麦用联合收割机收割，将秸秆粉碎（小于 10cm）后均匀抛撒地面（大豆则将脱粒后的粉碎豆秸均匀抛撒地面），然后用重型拖拉机翻压还田，翻耕深度约 25cm。秸秆还田量约 2 250～9 000kg/hm^2（大豆、小麦秸秆约2 250～5 250kg/hm^2，

玉米秸秆约6 000～9 000kg/hm²）。

②水稻收割时，稻茬留茬高度在10～15cm，秸秆还田量约1 500～2 250kg/hm²，在土壤含水量18%～22%时，用根茬还田机在10～15cm耕层进行旋耕粉碎，粉碎后的根茬长度应小于5cm。

二、华北农区

主要包括北京、天津、河北、河南、山东、山西及内蒙古，大部分地区，都是小麦、玉米一年两熟制，只有北部的山西、内蒙古、河北的部分地区为一年一熟制，大多种植一季玉米或小麦，该区秸秆还田模式主要有小麦留高茬免耕覆盖还田、麦秸覆盖还田、玉米秸粉碎翻压还田、玉米秸秆整株翻压还田、玉米秸秆覆盖还田。

①小麦留高茬免耕覆盖还田是在麦收前3～7天，浇水造墒，采用机械收割小麦，留高茬20～30cm，还田量约1 500～2 250 kg/hm²，收割后破茬播种玉米，播后苗前喷施除草剂一次，及时用耘锄定苗、灭茬、覆盖地表，此模式已在华北地区大面积推广。

②麦秸覆盖还田是用麦秸、麦糠覆盖玉米、棉花、果树行间。如玉米，须在播后25天将麦秸均匀覆盖于玉米行间，盖严地皮不留空隙，秸秆用量在3 750kg/hm² 左右；秸秆覆盖棉田则宜早不宜迟，力争在6月下旬到7月上旬完成，覆盖量在2 700～3 750 kg/hm²；果园秸秆覆盖量较大，约15 000～18 000kg/hm²。

③玉米秸粉碎翻压还田是用人工或机械收获玉米穗，用秸秆粉碎机将玉米秸粉碎均匀，抛撒地面，粉碎长度约10～15cm，还田量约6 000～9 000 kg/hm²，最好撒施农家肥（30 000～37 500 kg/hm²）和化肥（氮素90～120kg/hm²，磷素90～112.5kg/hm²），用重型拖拉机耕翻约20cm以上，然后耙耱整

地，机播下种，此项技术已在华北地区广泛采用。

④玉米秸秆整株翻压还田是玉米收获后采用重型拖拉机将秸秆直接深翻 25cm 左右入土。整秆应埋入地表 16cm 以下。其保墒、施肥、还田数量、还田时间同粉碎翻压还田，此法一定要有与大功率配套的深翻机具完成。

⑤玉米秸秆覆盖还田可分为半耕整秆半覆盖、全耕整秆半覆盖和免耕整秆半覆盖。半耕整秆半覆盖是人工收获玉米穗，一边割秆一边硬茬顺行覆盖（盖 70cm，留 70cm，下一排根压住上排梢），来年早春在 70cm 未盖行内每公顷施碳铵、磷肥各 750kg 或硝酸磷肥 600kg，随即翻耕、整平，在未盖行内紧靠秸秆两边种两行玉米。全耕整秆半覆盖是收获玉米后，将玉米秆搂在地边，经过翻耕，顺行铺上整玉米秸（盖 70cm，留 70cm，下一排根压住上排梢），来年早春的其他耕作措施同半耕整秆半覆盖。免耕整秆半覆盖是秋收后不耕翻，不灭茬，将玉米秆顺垄割倒或压倒，均匀铺在地表，形成全覆盖，翌年春播前按行距宽窄，将播种行内的秸秆搂（扒）到垄背上形成半覆盖。采取秸秆覆盖还田的这些地区多为一年一熟制，覆盖秸秆的还田量一般就是本田秸秆量，约为（干秸秆）7 500～10 500kg/hm^2。

三、西北农区

主要包括陕西、甘肃、青海、宁夏、新疆等地，属低温、干旱、少雨地区，主要作物为小麦、玉米、棉花，种植制度多为一年一熟制。该区的秸秆还田模式有玉米、小麦留高茬还田和棉秆翻压粉碎还田。

①小麦、玉米收割时留高茬 20～30cm，还田量约2 250kg/hm^2，施氮肥 150～225kg/hm^2，然后用拖拉机犁翻入土中，实行秋冬灌及早春保墒。

②棉花收获后，棉秆留于田中，在棉秆还是青枝绿叶时，将棉秆直接还田于土壤中，翻压前施氮肥 150～225kg/hm^2，或用

秸秆粉碎机粉碎，再犁翻，将棉秆全部埋于 20cm 土中，而后实行秋灌春播。作为我国最大的产棉区，棉秆的立秆还田主要用于南疆，面积约 16.7 万 hm^2，棉秆粉碎还田多用于北疆，面积约 4.9 万 hm^2。

四、长江中下游农区

主要包括湖北、湖南、江西、江苏、安徽、浙江等省，该地区气候温暖湿润，主要作物有水稻、小麦、玉米、棉花、油菜。种植制度多为一年两熟制，如小麦—水稻，小麦—棉花，小麦—玉米，部分地区是一年三熟制，如稻—稻—油（菜）。还田秸秆主要为稻草、麦秆、玉米秸和油菜秸，所采用的秸秆还田模式主要有小麦、棉花等作物的田间秸秆覆盖技术和水田的秸秆还田。

①小麦从播种到四叶期均可覆盖，但以播种后覆盖和分蘖初期（冬至）覆盖较好，盖草量以2 250～3 750kg/hm^2 为宜，但以3 750kg/hm^2 风干草最经济有效。秸秆可整草铺撒或切断铺撒，力求均匀，做到草不成团，地不露白，为防风吹散秸秆，可结合清理厢沟，撒碎土压草。棉田盖草适宜时间为 6 月中下旬，盖草量在2 250～3 750kg/hm^2，以3 000kg/hm^2 最经济有效。盖草前应完成中耕除草，追施蕾肥和培土等管理措施，将秸秆均匀铺撒在棉株行间约 2cm 厚，草不成团，地不裸露。厢沟中不必盖草，以便灌排水，盖草后一般不中耕，可采用条施或穴施追施花铃肥。上述麦田、棉田的盖草技术也可用于玉米、油菜、甘薯、蔬菜等旱地作物及果园，所用秸秆种类可因地制宜选用，稻草、麦秸、玉米秸、油菜秸、豆秸等均可。

②水田的秸秆还田可分为翻压还田和免耕还田。翻压还田一般用早稻草原位直接还田，也可用前茬作物的秸秆如麦秸、油菜秸等，将秸秆切二刀或三刀，长约 20～25cm，匀铺地面，每公顷还田量约相当于3 000kg 风干稻草，每公顷施用 60～70kg 氮（N）肥，30kg 磷（P_2O_5）肥及适量的钾肥，然后用水田埋草机

旋耕翻压、耙平。高留稻茬还田，留桩高度以 35cm 为宜，翻压后用踩滚镇压，将露出地面的稻茬压入泥中以利分解。稻草免耕整草还田是早稻收割前 7～10 天灌水，割稻时保持 3.5～7cm 水层，齐泥割稻，脱粒后将稻草分数堆放置田中，按当地配方施肥，将稻草一小把一小把按早稻根茬的行列，隔行摊放田中，稻草的朝向与插秧的方向相同。

五、西南农区

主要包括重庆、四川、云南、贵州等省（直辖市），该地区气候温暖湿润，种植制度多为一年两熟制，如稻—稻，麦—稻，稻—油（菜），玉米—小麦，少部分地区有一年三熟制，如小麦—玉米—甘薯。还田作物秸秆主要是麦秸、稻草、玉米秸和油菜秸，在旱坡地上多采用覆盖还田，水田多采用翻压还田。该区秸秆还田模式主要有冬水田稻草还田、麦田免耕稻草覆盖还田和油菜田免耕稻草覆盖还田。

①冬水田稻草还田是早稻收获时，将脱粒后的稻草（整草或留高茬 40～50cm）均匀撒布于田面，数量约4 500～6 000kg/hm²，及时翻压入土中，也可将稻草泡水过冬，到来年结合春耕施肥，把半腐熟的稻草耕翻压入田中，犁耙均匀后插秧。西南部分地区有再生稻，收割时，只割取穗部，全部稻草与稻茬还田，泡水过冬，第二年春天翻压，其施肥情况与前者同。

②麦田免耕稻草覆盖还田是在水稻收割前，排出田中积水，施氮、磷肥用作基肥，播种后盖草4 500～6 000kg/hm²，可盖整草或切成约 20cm 的短草，均匀覆盖地表，做到不成堆，不露土。

③油菜田免耕稻草覆盖还田是水稻收获后排尽田中积水，免耕除草施足底肥，准备播种，与麦田覆草的措施相同。播完油菜籽后覆盖稻草4 500～6 000kg/hm²，以均匀不露土为宜，保持土壤湿润，盖草后施一次清粪水作种肥，按当地油菜推荐施肥，油

菜收后稻草已经腐烂，翻入土中作第二年水稻基肥。

六、华南农区

主要包括海南、广东、广西、福建等省（自治区），该地区雨量充足，温度较高，水土条件好，全年适宜农作物生长，种植制度为一年两熟，早晚稻连作或一年三熟（如稻—稻—麦，稻—稻—绿，稻—稻—菜）。该区秸秆还田模式主要有稻草覆盖甘薯、马铃薯、冬大蒜等旱作物和稻草直接翻压还田。在该区的广大山区，收割时留稻茬20～30cm，仍用牛力翻犁，而在珠江三角洲地区则大规模地采用联合收割机进行稻草全量还田，或用滚轧耙和埋草机进行还田。

第二节　作业特点及配套要求

目前，市场上销售的秸秆还田机具型号很多，其结构形式、工作原理、作业特点（刀的型式、粉碎刀的转速以及回转半径）各不相同，这些直接影响到秸秆还田的作业质量及效果，同时不同形式的秸秆还田机具对动力的要求也不尽相同，用户应根据拖拉机或联合收割机的动力大小（额定功率或功率）、动力输出轴转速、后轮胎轮距以及与秸秆还田机具的连接方式来选择机具。因此，用户在购买还田机具前，详细了解所需秸秆还田机具的结构形式、工作原理、作业特点以及配套动力要求就显得尤为重要了。

一、动力配套

各厂家生产的秸秆还田机具铭牌上都详细注明了配套主机的动力范围。一般情况下，作业幅宽越大，所需动力越大。用户选择时注意自己主机输出的额定功率不要小于秸秆粉碎还田机标牌上配套动力数值。以免小马拉大车超负荷作业，影响作业质量，动力也不要超过太多，大马拉小车，使主机动力得不到充分发挥，降低作业效率。拖拉机动力与秸秆还田机工作幅宽的大致对应关系参见表 5-1。

表 5-1　拖拉机动力与秸秆还田机工作幅宽的大致对应关系

拖拉机动力（kW）	还田机幅宽（cm）
13.23～17.64	90
18.38～29.40	110～120
36.75～44.10	150
51.45～58.80	160～170
58.80～73.50	180～250

二、转速范围

秸秆粉碎还田机粉碎装置要在一定的转速范围下，才能达到良好的粉碎效果。因此，一定要注意动力输出轴的转速是否能够与秸秆粉碎还田机所要求的输入转速相匹配，使秸秆粉碎还田机的粉碎装置在1 800～2 400r/min 转速范围下运转。目前，市场上销售的拖拉机，其动力输出轴转速一般为 540r/min、720r/min、760r/min 等，但有的标注是工作转速，有的标注是额定转速，有的转速有储备，有的转速无储备，有的功率储备量大，有的功率储备量少，这些都将影响机具的实际作业转速。因此，在实际选择配套时，一定先搞清楚拖拉机的品牌，是否与所需秸秆粉碎还田机的转速相适应，若不能匹配，可调整秸秆粉碎还田机的皮带轮速比，看是否能够达到匹配要求。

三、结构特征

在选择秸秆还田机具时，应充分考虑机具的工作部件结构形式、工作原理、工作幅宽、悬挂方式以及对不同作物类别的适应性。

①秸秆粉碎还田机的主要工作部件为粉碎刀，粉碎刀的形式有直刀型、Y型甩刀型和锤爪型。不同形式的粉碎刀，势必会影响到主机动力消耗和粉碎效果。直刀型切削刃部小，动力消耗小，Y型甩刀型比直刀型消耗要大，锤爪型消耗动力最大。

直刀型粉碎刀在其工作部位开刃，3片直刀为一组，间隔较小，排列较密，所以高速旋转时，有多个刀片同时参与切断，对秸秆的撞击次数多，粉碎效果较好，尤其在作业季节后期，秸秆有一定的韧性，粉碎效果更为明显。由于该类刀片切削刃部小，工作时运行阻力小，消耗拖拉机的功率较小，因此应用地区最广。

Y型甩刀型粉碎刀的刀片切割部位开刃，这样增加了它的剪切力，秸秆粉碎率高，对秸秆的捡拾功能比直刀好，体积和重量均小于锤爪，所受阻力较锤爪型粉碎刀小，但粉碎效果不如直刀型，动力消耗较大，比较适用于对秸秆还田效果要求不高、只作业一遍的地区。

锤爪型粉碎刀抗冲击能力强，在刀具较新时粉碎效果和捡拾效果较好，但刃部磨损后，粉碎效果和捡拾作用会急剧下降。其优点是锤爪数量少、使用维修费用低、锤击力大、产生的负压高、喂入性好、对沙石地适应性好。缺点是动力消耗大、工作效率低，当秸秆韧性较大时，粉碎质量差，给耕整地和小麦播种带来困难，适用于山地、近海、滩涂、沙石地及平原等各种地况。

不同的地区，不同的种植作物，对工作部件的结构形式要求也不同。当粉碎玉米秸秆时，应首选直刀型秸秆粉碎还田机，这样不但粉碎效果好，而且动力消耗也小。而棉花秸秆较硬、麦秸较细，应采用甩刀型和锤爪型秸秆粉碎还田机，其清茬效果较好。

②由于各地种植结构、灌溉条件和种植习惯上的差异，形成不同的畦埂和畦宽，从而对机具的幅宽和悬挂位置要求不同。畦

较窄时，应选择与畦宽相适应的机具幅宽、悬挂方式为正置式的秸秆粉碎还田机，以免造成机具被畦埂支起，影响作业效果。当无畦埂，横畦或竖畦较宽时，在动力允许的情况下应选择幅宽较大、偏挂型机具，既可提高作业效率，又可避免轮胎压秸秆，便于清边，提高作业效果。

③不同作物品种、秸秆量、秸秆的状态和干湿程度以及不同的秸秆还田作业效果要求，这些都导致了作业时的动力消耗不同，应根据不同情况选择机具幅宽。

秸秆量大时，不易粉碎的作物秸秆应选择较小的作业幅宽。在习惯秸秆通绿时收获的地区，此时秸秆容易粉碎，应选择较大的作业幅宽。

在习惯秸秆半干燥时粉碎的地区，这时动力消耗较大，应选择较小的作业幅宽。适合在秸秆干燥时粉碎的，此时动力消耗较小，应选择较大的作业幅宽。

当地要求作业效果高时，动力消耗较大，应当选择较大的作业幅宽。

总之，应根据不同情况选择机具，产品的说明书对动力和机型规格作了推荐，应参照说明书和当地情况进行选择。

第三节　选购原则与方法

一、选购原则

秸秆还田机具是由拖拉机或联合收割机动力驱动，将农作物秸秆直接或间接粉碎还田，一次可以完成多道作业工序，极大地提高了工作效率，为农民争取了农时，节省了劳动力，减轻了劳动强度，因此深受用户欢迎。同时，秸秆还田机具作为推广保护性耕作的必备机具，发展很快，生产企业和产品型号的数量成倍增长。虽然市场上销售的秸秆还田机具产品型号众多，但产品质量参差不齐，尤其是秸秆还田机在高速旋转、切削的状态下工作，其制造质量的好坏直接关系到秸秆还田的作业质量和使用者的人身安全，因此，如何选购称心如意的秸秆还田机具显得尤为重要。

用户在选择购买秸秆还田机时，应掌握以下几条原则：一是应了解本地区农作物种植对秸秆还田的农艺要求；二是应了解秸秆还田机具的作业特点、作业质量以及与其配套动力和机具的要求；三是优先选择进入国家支持推广的农业机械产品目录或农业机械购置补贴产品目录的秸秆还田机具产品。

二、选购方法

1. 查看产品的外观质量

①查看秸秆还田机具的漆面色泽是否鲜艳、均匀、光滑，无裸露、脱落和明显锈蚀等，毛刺是否清理干净。

②查看所选机具是否贴有“农业机械推广鉴定证”的菱形证章。经过省级或部级农业机械试验鉴定机构的试验鉴定，并符合省级或部级推广鉴定要求的农机产品可获得“农业机械推广鉴定证”，才能在机具上贴此证章，旨在为用户推荐先进、适用、安全可靠的农机产品。因此用户在选购机具时，一定要看机具上是否贴有菱形的“农业机械推广鉴定证”证章。

③向经销商咨询或登录中国农业机械化信息网查询所选机具是否为入选省级或国家级农业机械购置补贴目录产品。根据国家农机购置补贴政策，购买进入省级或国家农业机械购置补贴的产品，能够享受到一定金额的农机购置补贴，购买进入补贴目录中的产品，不仅质量可以放心，而且还大大降低了用户的购机成本。

④索要商品发票，检查随机文件和配件是否齐全。商品发票是消费者维护自身合法权益的重要凭证，切不可为了少花一点钱（商家往往采取不开发票而给消费者降价的手法进行促销和避税），而忽视索要正式商品发票，引起以后不必要的经济纠纷。

同时，要与销售者一起当面验货，详细检查所购产品随机工具、附件、备件与装箱单是否一致。尤其在随机的备件中，一定要看“三证”（使用说明书、合格证和“三包”凭证）是否齐全。使用说明书是产品使用、维修保养的指南，内容包括产品主要技术规格、安全注意事项、正确的装配及使用与操作的说明或必要的图示、调整方法及调整量说明、维护与保养的说明和常见故障的排除方法等。产品合格证是生产厂家对出厂产品的质检合格的标志。“三包”凭证是生产厂家对售后服务的承诺。这三种文件缺一不可，一定要检查、保管好。

⑤查看秸秆还田机具的结构是否合理，重要部位包括机架、后挡板与框架的焊接是否牢固可靠，无明显薄弱部位。传动箱、切碎主轴等处的螺栓、螺母要拧紧，传动箱固定螺丝最好加备母。

⑥查看秸秆还田机具的安全防护装置、安全警示标志、注油点标识等是否完整齐全，传动带、链条和传动轴等外露的回转件是否配有安全防护罩，或是在其醒目处贴有安全警示标识。

⑦查看机具标牌上的主要技术参数，如配套动力范围、外形尺寸、工作幅宽、结构质量。

2. 查看产品内在质量

①通过比较不同生产厂家生产的秸秆还田机具，查看秸秆还田机具的加工制造精度，如秸秆粉碎还田机部件用料的质量、薄厚。

②关键运转部件、轴系、刀片、三角皮带是否为名牌产品，这些厂家的产品质量相对过硬，使用寿命较长。

③查看紧固件强度等级是否合格。查看秸秆还田机具的机架、变速箱、切碎刀轴轴承座等承受重载荷的部位是否使用了高强度紧固件（螺栓不低于8.8级、螺母不低于8级，其上分别标有“8.8”和“8”的字样）。若用普通紧固件代替，安全就无保证。

3. 听产品运转时的声音　专业生产厂家的生产设备优良、加工工艺先进、质量保证能力强，产品质量有保障，对机具性能影响较大的重要部件、总成质量控制严格。如秸秆粉碎还田机的粉碎刀轴经过动平衡，平衡精度高，运转时平稳、噪音小。因此选购机具时，最好空机运转几分钟，运转由慢到快，观察机具各传动零部件是否正常，运转是否平稳，有无异常声响，轴承部位是否过热，操作是否灵活到位。

4. 了解售后服务质量　秸秆还田机具作业季节性强、作业时间较短，一旦机具发生故障不能及时修复，将直接影响到机手的收益，因此，秸秆还田机具的售后服务质量显得尤为重要。选择售后服务好的企业生产的秸秆还田机具，不仅能够得到厂家的技术服务指导，了解正确使用、调整和维修保养机具的方法，提高机具的作业效率和作业质量，又能提供充足的零部件供应，在机具出现故障时，及时地排除，不耽误农时，保障了生产作业的顺利进行。

用户可通过向已购买了秸秆还田机具的用户打听，了解该品牌产品的使用和售后服务情况，也可以查看产品的“三包”凭证，看里面是否规定了主要零部件和整机的“三包”有效期，“三包”有效期是否在一年以上，是否有离自己较近的售后服务网点，能提供及时便捷的售后服务。

附　录

典型企业和产品介绍

一、南昌旋耕机厂有限责任公司

该公司主要生产销售“春翔牌”系列旋耕机和秸秆粉碎还田机等农机产品，共有22个系列200多个品种，可与6.6～117.7kW的拖拉机配套（附图1～附图4）。

附图1　1JQ系列秸秆还田机（甩刀）

附图2　1GQN系列双轴灭茬旋耕、起垄（多功能）整地机

附图3　1BSQN系列水田驱动耙

附图4　1BPQ系列水田起浆机

二、定州开元机械制造有限公司

该公司主要生产销售秸秆粉碎还田机、旋耕机、免耕施肥播种机、旋耕施肥播种机、秸秆青贮收获机、全方位深松机、农用叉车等农机产品（附图5～附图8）。

附图5　秸秆粉碎还田机

附图6　小麦秸秆粉碎还田机

附图7　旋耕机

附图8　旋耕施肥播种机

三、河南豪丰机械制造有限公司

该公司主要生产销售玉米免耕施肥精量播种机、玉米联合收获机、花生联合收获机、方草捆压捆机、智能免耕机、免（旋）耕施肥播种机、数显深松机、播种机、秸秆粉碎还田机、旋耕机等16个系列80多种产品（附图9～附图12）。

附图 9　秸秆粉碎还田机

附图 10　秸秆粉碎还田机

附图 11　旋耕机

附图 12　免耕施肥播种机

四、石家庄农业机械股份有限公司（原石家庄市农业机械厂）

该公司主要生产销售播种机械、秸秆切碎还田机械、秸秆青贮收获机械、中耕（播种）追肥机械以及玉米联合收获机械等与大、中、小型拖拉机配套的5大系列，60多个品种的产品（附图13～附图16）。

附图 13　锤爪式秸秆切碎还田机

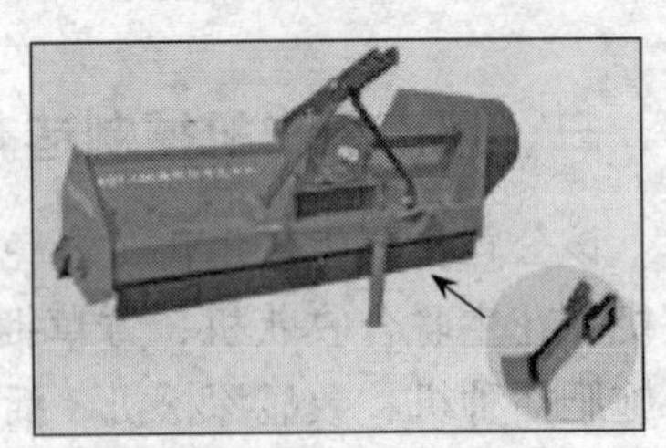

附图 14　甩刀式秸秆切碎还田机

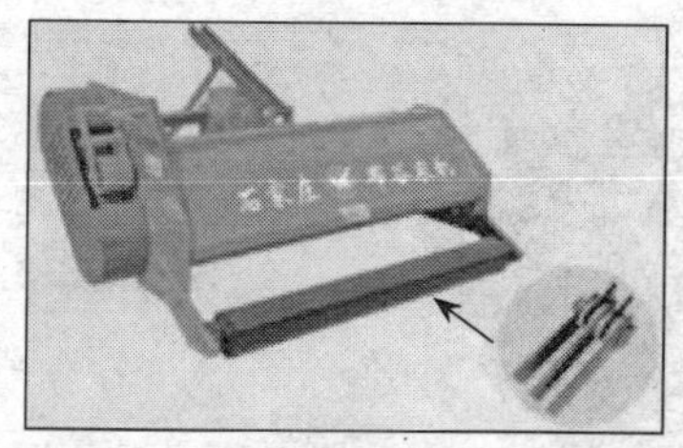

附图 15　直刀式秸秆切碎还田机

附图 16　免耕施肥播种机

五、河北农哈哈机械集团有限公司

该公司主要生产销售播种机械、收获机械、耕整机械、采暖锅炉等 4 大系列 60 余个品种的产品（附图 17、附图 18）。

附图 17　秸秆粉碎还田机

附图 18　小麦免耕播种机

六、江苏连云港市云港旋耕机械有限公司

该公司主要生产销售“云港牌”系列旋耕机及 1T245、1T225 型旋耕机犁刀和各种旋耕机零配件（附图 19～附图 21）。

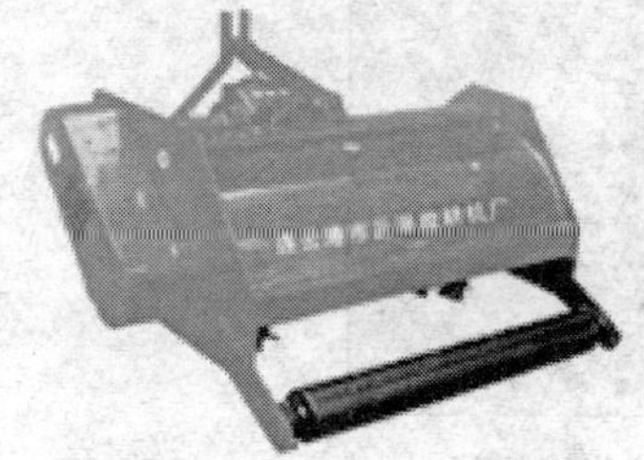

附图 19　秸秆切碎还田机

附图 20　双轴灭茬起垄耕作机

附图 21　水田埋茬搅浆平地机

七、赤峰市长明机械有限公司

该公司主要生产销售农业机械、干燥机械、建材机械、汽车配件等四大系列产品（附图 22～附图 24）。

附图 22　灭茬旋耕机

附图 23　双轴灭茬旋耕机

附图 24　深松灭茬旋耕机

图书在版编目（CIP）数据

秸秆（根茬）粉碎还田机使用、维护与选购指南/朱良，兰心敏主编.—北京：中国农业出版社，2010.5
ISBN 978-7-109-14546-7

Ⅰ.①秸… Ⅱ.①朱…②兰… Ⅲ.①秸秆—粉碎机—使用—指南②秸秆—粉碎机—维修—指南③秸秆—粉碎机—选购—指南 Ⅳ.①S224.29-62

中国版本图书馆CIP数据核字（2010）第074476号

中国农业出版社出版
（北京市朝阳区农展馆北路2号）
（邮政编码 100125）
责任编辑 杨天桥

北京智力达印刷有限公司印刷 新华书店北京发行所发行
2010年6月第1版 2010年6月北京第1次印刷

开本：850mm×1168mm 1/32 印张：5.125
字数：130千字 印数：1～5 000册
定价：15.00元